1. 光ピンセット

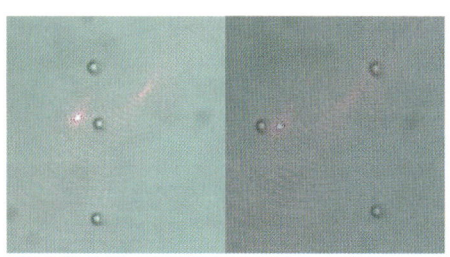

移動前   移動後

レーザー光（赤い点）で
コロイド粒子を動かす．

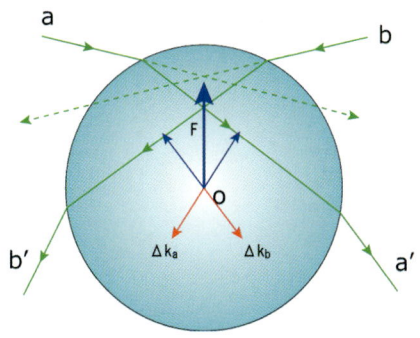

レンズで集光されたレーザー光（a, b）は，
粒子によって屈折し，運動量変化が生じる．
（赤色）
同じ大きさで逆方向の運動量変化（青色）
が粒子に生じ（運動量保存則），力 F がは
たらく．

（酒井裕司氏提供[1]）

2. 質量分析

マルチターン飛行時間型質量分析計：
電磁気力によってイオンの運動を制御し，
飛行時間の差を利用して質量（質量と電荷
の比 m/z）を測定する．
（豊田岐聡博士提供[2]）

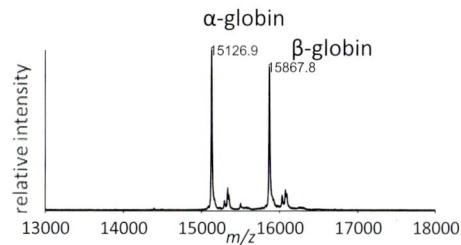

タンパク α-globin（MW 15126）と β-globin
（MW 15867）の MALDI-TOF マススペクトル
（田尻道子氏提供[3]）

3. レーザー光

古典的な電磁波に近い，位相のそろった光

オレンジ色：色素レーザー
青色：励起用アルゴンレーザー

レーザーの基本的な構造

4. 光の干渉

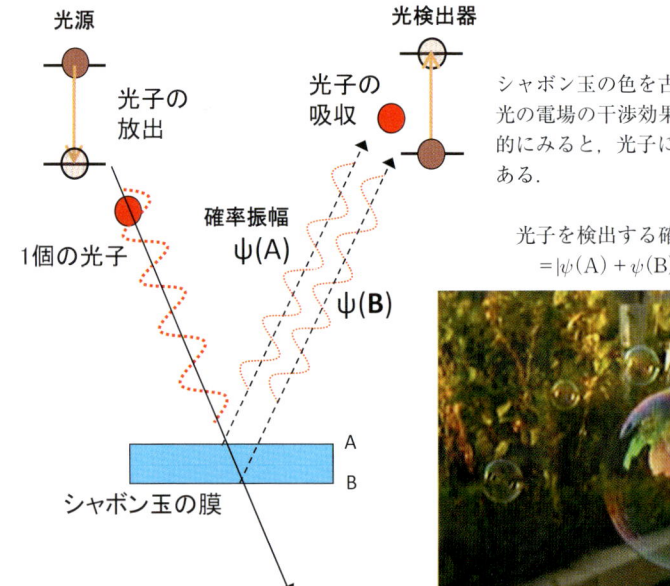

シャボン玉の色を古典電磁気学的にみると，光の電場の干渉効果である．これを量子力学的にみると，光子に対する確率振幅の干渉である．

光子を検出する確率
$= |\psi(A) + \psi(B)|^2$

5. 陽電子断層撮影法

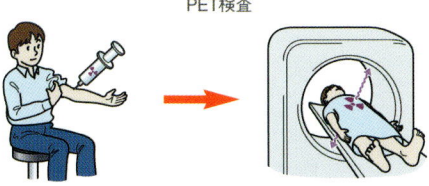

陽電子，電子，γ線光子の運動量とエネルギーの保存則にもとづき，2個のγ線光子が正反対の方向に飛んでいく．

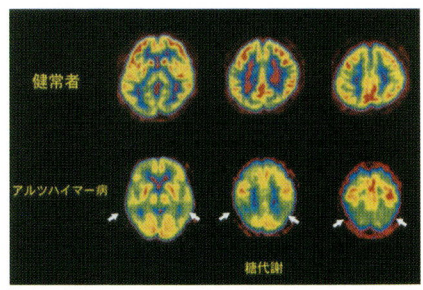

（日本核医学会・日本アイソトープ協会発行 PET検査Q&Aを参考にして作成[4]）

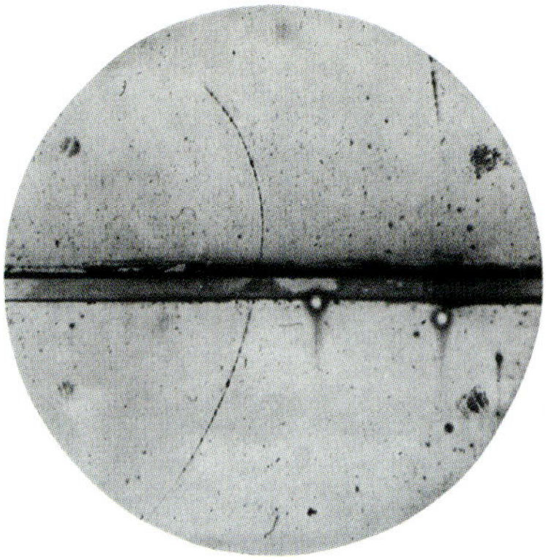

初めて報告された陽電子の軌跡（下から上に進む）：磁場中でローレンツ力により受ける力の方向から，この粒子は正の電荷をもつことがわかる．
（アンダーソン，1932年[5]）

6. ブラウン運動

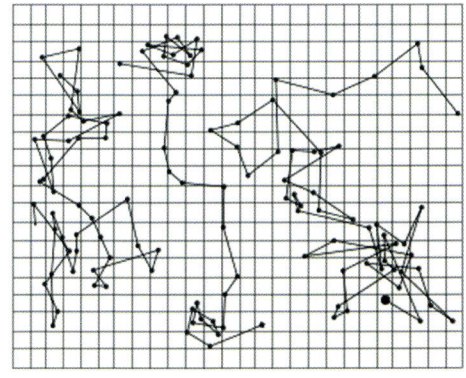

液体中の微粒子の運動

多数の水分子のミクロな運動が，微粒子にランダムな運動を引き起こす．
（1目盛りは3.1 μm，30秒ごとの位置を記録）
（ペラン，"Atoms"，1923年[6]）

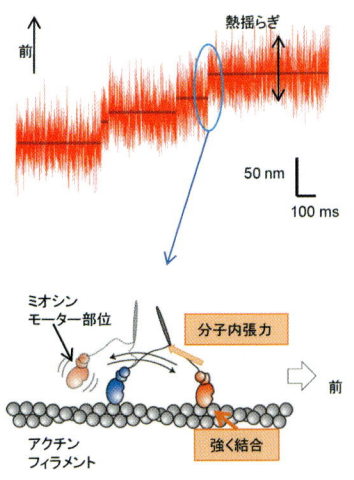

細胞中のミオシン分子は，熱ゆらぎの中を少しずつ前に進んでいく．
（柳田敏雄研究室提供[7]）

非平衡系における秩序形成

7. 化学振動反応：Belousov-Zhabotinsky (BZ) 反応

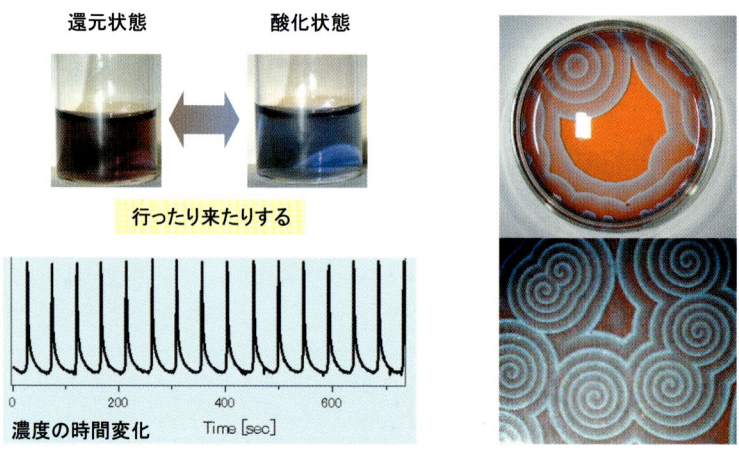

(宮崎淳博士提供[8])

8. チタンサファイアレーザーにおけるフェムト秒光パルスの形成過程

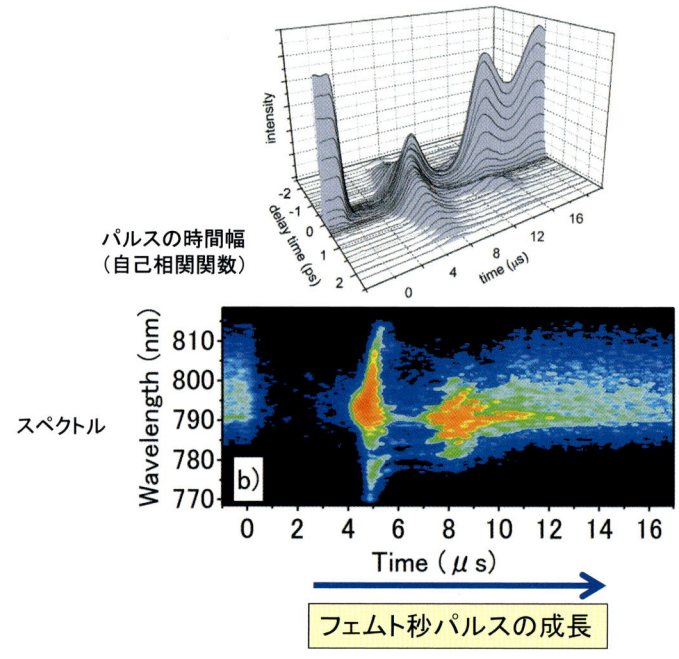

(植木秀二氏 2002 年度修士論文[9])

シリーズ《生命機能》

木下修一　近藤寿人
【編集】

4

物理学入門
——自然・生命現象の基本法則——

渡辺純二
【著】

朝倉書店

編 集 委 員

木下修一(きのしたしゅういち)　前大阪大学大学院生命機能研究科

近藤寿人(こんどうひさと)　大阪大学大学院生命機能研究科

序

　本書は，生命科学の研究に携わる人が物理学の基礎を勉強したくなったときに，手に取っていただいて役に立つことを目指して書かれたものである．さて，そもそも生命科学の研究に物理学は役に立つのだろうか？　物理や数式は苦手だという生命科学の研究者はめずらしくないし，また，自身では特に必要とも感じていない研究者も多いように思われる．一方で，筆者の属する大学院の講義では，基礎物理学という選択科目を多くの生物系の学生が受講しているし，また，医学部では1年生に物理学を1年間の必修科目として課している．これは物理学が生命科学に役に立つと考える人もまた多いことを表している．この問いに対する答えは，もちろん生命科学の分野によっても，また，物理学という言葉がその基本法則の内容自体を意味するのか，あるいはその研究方法を意味するのかによっても違ってくるかと思われるが，筆者は生命科学と物理学とは少なくとも以下の二つの観点から密接に関係すると考えている．

　まず実際的に役に立つこととして，生命科学の研究に用いる実験装置や解析の原理において物理学が重要な役割を果たしていることがあげられる．すでに半世紀以上前，DNAのミクロな構造を解明するためにX線回折という物理学の手法が用いられたことはよく知られている．また最近の技術として，たとえば，蛍光イメージングを考えてみよう．レーザー光で励起された分子が発する蛍光を顕微鏡で観測し，細胞内のイメージングが行われる．これを物理学的にみると，量子光学にもとづいて設計された光源から出た光によって，分子内の電子がエネルギーの低い基底状態から高い励起状態に上げられる．そして励起状態においてゆらぎや緩和過程が起こり，その後電子が基底状態にもどるときに発せられる光子が蛍光である．それを光子1個を検出できる高感度の検出器で観測する．そして蛍光イメージングの空間分解能は，光子に対する位置と運

動量の不確定性関係により決定される．ここで起こることは，いずれも物理学によってのみ正しく理解することができるものといえる．また，医学の診断においてもこのような例は多い．たとえば，核磁気共鳴画像法（MRI）では原子核スピンの歳差運動というコマの運動に似た現象が利用されるが，それは量子力学の法則にしたがっている．また，陽電子断層撮影法（PET）の原理には，エネルギーや運動量の保存則という物理学の基本法則が重要な役割を果たしている．

　もう一つ役に立ちそうな理由は，生命現象自身が物理法則にしたがうと考えられることである．物理法則は生命現象以外の自然現象を観察することにより発見されてきたものだが，生命現象とそれ以外の自然現象が異なる基本法則にしたがうとは考えにくい．少なくとも，生体はミクロな原子や分子の集合体であり，それらのダイナミクスや反応は，ミクロな粒子の法則である量子力学なしには理解することはできない．また，生体中で起こるさまざまな相互作用の起源は，相対的に非常に弱い重力を除くと，いわゆる電磁気現象に帰着される．さらに，生体中のような多数の粒子からなる系では，たとえばタンパク質のもつエネルギーに着目すると，それはミクロな熱運動によって絶えずゆらいでいて，タンパク質の機能の発現にとって重要な役割を果たすと考えられている．このようなゆらぎは，約 100 年前のアインシュタインによるブラウン運動の研究以来，統計物理学においても重要な研究対象である．また，統計物理的な見方は生命現象を考えるうえで貴重なヒントを与えてくれる．たとえば，マクロな生命機能はミクロな粒子の素過程に帰着してしまうと意味をもたず，マクロな集団においてのみ意味をもつ特性であるが，これはエントロピーという量に似たところがある．実際，エントロピーはマクロな物体に対してそのミクロな運動の情報にもとづいて定義されるが，原子 1 個に対しては意味をもたない量である．そして生命現象を含むマクロな現象の特徴である不可逆性は，エントロピーの増大則として定式化されている．一方，生命現象とそれ以外の自然現象が同じ法則にしたがうとすると，生命とそれ以外を本質的に区別するものはあるのかないのか，という疑問が生じるが，それは今後の物理学や生命科学の融合的な発展の中で解決されることを期待したい．

　以上のような観点から，生命科学の研究をすすめるときに物理学が大いにプ

ラスになるのは間違いない．物理学といってもその範囲は広いが，基礎としては何が必要であろうか．物理学で法則と呼ばれるものにも基本的に重要なものから派生的なものまであるが，やはり基本原理を理解することが大事であろう．そのため本書の第1章から4章では，マクロな世界の法則である力学と電磁気学，ミクロな世界の法則である量子力学，そしてミクロとマクロをつなぐ統計物理学の基本原理をコンパクトにわかりやすく記述することを目指した．第5章では，ミクロな運動にともなうゆらぎや緩和現象について，蛍光や光散乱などの光学過程を通して観測される例を記述した．また本書では，物理学の基礎を単なるお話としてではなく，定量的に，数式（数学）を用いて表現された基本法則として理解することを目的とした．それは物理法則自身が数式を用いて表現されるためであり，また，実際の研究においては定量的な解析が必要であるからでもある．そのため，数式の導出については，ほとんどの場合途中を省略せずに書いてあるので，読者が実際に計算で確認することができると思われる．

　生体は平衡状態にはなく，非平衡状態において高度な秩序や階層構造を保つ系である．このような非平衡系の特徴を明らかにすることは，物理学としても今後の重要な課題である．また，ゆらぎや緩和現象の本質を明らかにすることは，自然現象における不可逆性の起源や量子論における観測の問題にもつながる原理的な問題も含んでいて，きわめて興味深い．それらに関連する話題を第4章と5章の最後に触れた．

　最後に，ゆらぎと緩和過程に関して，大阪大学大学院生命機能研究科の木下修一教授との議論に教えられたところが多い．ここに深く感謝したい．また，カラー口絵の図・写真を提供していただいた，大阪大学大学院生命機能研究科の柳田敏雄教授，宮崎淳博士，田尻道子氏，酒井裕司氏，大阪大学大学院理学研究科の豊田岐聡博士，図・写真を転載させていただいた日本核医学会，日本アイソトープ協会，植木秀二氏に感謝したい．そして，かわいいうさぎのイラストを描いていただいた藤田知史氏にお礼申し上げる．本書の完成まで遅い原稿を待っていただきながら大変お世話になった朝倉書店編集部にも感謝の意を表したい．

2011年5月

渡 辺 純 二

目　　次

1. マクロな世界の法則 I：力学 ………………………………………… 1
   1.1 マクロな運動：ニュートンの運動法則 …………………………… 2
       1.1.1 ニュートンの運動方程式 ………………………………… 2
       1.1.2 ニュートンの運動方程式による解析：一定の力がはたらく粒子の運動 ……………………………………………………… 5
       1.1.3 ばねにつながれた粒子の運動：調和振動子 ……………… 6
   1.2 保　存　量 ………………………………………………………… 9
       1.2.1 運　動　量 …………………………………………………… 9
       1.2.2 エネルギー …………………………………………………… 13
       1.2.3 角　運　動　量 …………………………………………… 25
   1.3 粒子系の運動 ……………………………………………………… 28
       1.3.1 質　量　中　心 …………………………………………… 28
       1.3.2 こまの歳差運動 …………………………………………… 32
   Box　光ピンセットと運動量保存則 …………………………………… 37

2. マクロな世界の法則 II：電磁気学 …………………………………… 39
   2.1 電磁場と荷電粒子の運動 ………………………………………… 40
       2.1.1 電場と磁場 ………………………………………………… 40
       2.1.2 ベクトル場を特徴づける量 ……………………………… 44
   2.2 電磁気現象の基本法則：マックスウェル方程式 ………………… 51
       2.2.1 ガウスの法則 ……………………………………………… 52
       2.2.2 磁荷は存在しない ………………………………………… 56
       2.2.3 電位と静電エネルギー …………………………………… 56

2.2.4　静　磁　場 66
　　　2.2.5　電　磁　誘　導 70
　　　2.2.6　電　磁　波 74
　Box　質量分析とローレンツ力 80
　Box　レーザー光と波の位相 82

3. ミクロな世界の法則：量子力学 84
　3.1　光の波動性と粒子性 84
　　　3.1.1　光　電　効　果 85
　　　3.1.2　コンプトン効果 86
　3.2　確率振幅の重ね合わせ 87
　3.3　波のようにふるまう粒子 92
　3.4　ミクロな粒子の運動法則 97
　　　3.4.1　シュレーディンガー方程式 97
　　　3.4.2　箱の中の粒子の運動 100
　　　3.4.3　不確定性関係 104
　Box　陽電子断層撮影法と物理学の保存則 108

4. ミクロとマクロをつなぐ法則：統計物理学 111
　4.1　マクロな世界の不可逆性 112
　4.2　マクロな状態と対応するミクロな状態 113
　4.3　絶対温度とエントロピー 117
　4.4　エントロピー増大則とエンジンの効率 124
　4.5　カノニカル分布 126
　4.6　カノニカル分布の例 129
　　　4.6.1　プランク分布 129
　　　4.6.2　等　分　配　則 131
　4.7　自由エネルギー 135
　Box　非平衡系における秩序形成 140

- **5. ゆらぎと緩和過程** 143
  - 5.1 ブラウン運動 143
  - 5.2 電子状態のゆらぎと光学過程 147
    - 5.2.1 光吸収・発光・散乱 147
    - 5.2.2 吸収・発光スペクトルと配位座標モデル 151
    - 5.2.3 共鳴ラマン散乱 159
  - 5.3 ゆらぎの量子性 162
  - Box 重ね合わせと緩和現象 165

参 考 図 書 168
索　　引 170

1

マクロな世界の法則Ⅰ：力学

　顕微鏡の中の非常に小さな粒子を，あたかもピンセットでつまんだかのように自由に扱うことのできる技術がある．これは光ピンセットとよばれ，細胞などの微小な粒子を扱う生命科学においても，大変有効な技術として使われている（カラー口絵-1）．光を使って粒子を操り，直接機械的に接触しないために，対象物にダメージを与えにくいこともこの方法の利点である．しかし，なぜ光で粒子を操ることができるのだろう．また，粒子にはたらく力の大きさはどれくらいで，どっちの方向に向くのか？　このような問題を考えるときにもマクロな世界の物理法則（力学と電磁気学）は役に立ってくれる．第1章では力学について，その考え方を外観してみよう．

　マクロな物体の運動は，17世紀末に定式化されたニュートンの運動法則によって正確に記述することができる．物体の速さが非常に速くなって光速に近づいてくると，相対性理論による修正が必要となり，また，ミクロな原子や分子の運動を理解するには，量子力学が必要となることが知られている．しかしそのような場合を除くと，ニュートンの運動法則は，顕微鏡下の粒子の運動から宇宙の星の運動まで，マクロな物体の運動を正確に記述してくれる．そのうえ，原子や分子の運動に適用しても，よい近似として使えることも多い．この法則の特徴は，ある時刻における物体の運動に関する情報が詳しく得られたとすると，その後の時刻における運動を，原理的には完全に予言することができることにある．たとえば，未来の太陽系の惑星運動をきわめて正確に予測することができる．一方で，生命現象のように非常に多くの粒子が関係する現象では，運動法則にもとづいた計算を厳密に行うことは実際上は不可能である．し

かしそのような場合においても，少なくとも物体の運動を予測する基本的な原理を提供してくれる点で重要であるし，近似解で十分満足できることも多い．

1.1 マクロな運動：ニュートンの運動法則

1.1.1 ニュートンの運動方程式

まずはじめに，ニュートンによって確立された運動法則をみておこう．それは，次の三つからなる（I. Newton, 1687 年）．

(1) すべての物体は，外から力がはたらかない限り，静止している場合はその静止状態を，ある一定の速度で運動している場合はその運動を続ける．

(2) 物体の加速度は，外からはたらく力に比例し，物体の質量に反比例する．

(3) 二つの物体 A と B が力を及ぼし合うとき，A から B に対してはたらく力と B から A に対してはたらく力は大きさが等しく，逆向きである．

(1) は慣性の法則とよばれている．(2) を数学的に表したものがニュートンの運動方程式である．そして，(3) は作用・反作用の法則として知られている．

さて，この法則にもとづいて物体の運動を定量的に解析するためには，法則を数学的に表現する必要がある．そのために，まず，物体の位置，速度および加速度についての数学的表現を復習しておこう．物体の運動は 3 次元の空間の中で起こる．したがってある粒子の位置は，図 1.1 のように，x, y, z 座標系の原点からその粒子までのベクトル ($\mathbf{r}(t)$) によって表すのが便利である．このベクトルは位置ベクトルとよばれ，その x, y, z 成分は粒子の座標に対応している．ただし，対象とする系によっては，粒子の位置ベクトルを 3 次元ではなく，2 次元や 1 次元で表すことで十分な場合もある．なお，座標の単位としては [m]（メートル）が用いられる．

運動の速さを表す速度や，速度の時間的変化を表す加速度は，直感的には明らかな量であるが，数学的には座標の時間に関する微分を使って次のように定義される．粒子の運動にともなって，その位置ベクトル $\mathbf{r}(t)$ が時間 t とともに変化しているとしよう．なお，r を太文字 $\mathbf{r}$ で表すのは，それがベクトルであることを示すためである．また，ある量を表す記号の後につく (t) は，それが時間とともに変化する量であることをはっきりと示すためにつけられているが，

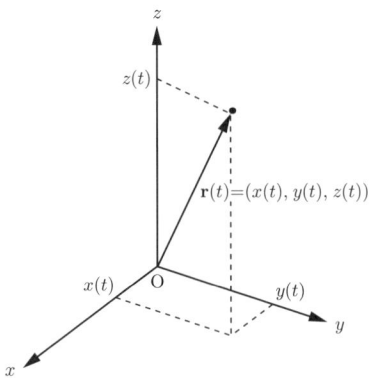

図 **1.1** 位置ベクトル

簡単のため省略される場合も多い．さてそのとき，$\mathbf{r}(t)$ の x,y,z 成分である $x(t), y(t), z(t)$ をそれぞれ時間微分したものを x,y,z 成分としてもつベクトルを，ベクトル $\mathbf{r}(t)$ の時間 t に関する微分という．これが速度ベクトル $\mathbf{v}(t)$ である．すなわち，$\mathbf{v}(t)$ の x,y,z 成分 v_x, v_y, v_z はそれぞれ

$$v_x(t) = \frac{dx(t)}{dt}, \qquad v_y(t) = \frac{dy(t)}{dt}, \qquad v_z(t) = \frac{dz(t)}{dt} \qquad (1.1)$$

であり，これらをまとめて

$$\mathbf{v}(t) = \frac{d\mathbf{r}(t)}{dt}, \qquad (1.2)$$

と書く．なお，時間の単位として [s]（秒），速度の単位としては [m/s] が用いられる．

また，粒子の速度ベクトル $\mathbf{v}(t)$ が時間とともに変化するとき，すなわち加速あるいは減速しているとき，その x,y,z 成分 $v_x(t), v_y(t), v_z(t)$ をそれぞれ時間微分したものを x,y,z 成分としてもつベクトルを加速度ベクトル $\mathbf{a}(t)$ という．すなわち，

$$\mathbf{a}(t) = \frac{d\mathbf{v}(t)}{dt} = \frac{d^2\mathbf{r}(t)}{dt^2}, \qquad (1.3)$$

と書いて，$\mathbf{a}(t)$ の x,y,z 成分 a_x, a_y, a_z は

$$a_x(t) = \frac{dv_x(t)}{dt} = \frac{d^2 x(t)}{dt^2}, \qquad (1.4)$$

$$a_y(t) = \frac{dv_y(t)}{dt} = \frac{d^2 y(t)}{dt^2}, \qquad (1.5)$$

$$a_z(t) = \frac{dz_z(t)}{dt} = \frac{d^2 z(t)}{dt^2}, \qquad (1.6)$$

となる．加速度の単位は $[\mathrm{m/s^2}]$ が用いられる．粒子の運動を記述する量としては以上の三つの量，位置，速度および加速度（それぞれベクトル）が重要である．加速度の時間変化なども計算できる量ではあるが，運動の法則には何の役割も果たさないので特に名前もつけられていない．

粒子にはたらく力のベクトルを $\mathbf{F}(t)$，物体の質量を m としよう．そして式 (1.3) で定義された加速度ベクトルを用いると，運動の法則 (2) は次のように表すことができる．

$$m \frac{d^2 \mathbf{r}(t)}{dt^2} = \mathbf{F}(t). \qquad (1.7)$$

これはニュートンの運動方程式とよばれ，マクロな粒子の運動を解析する基礎となっている．さて，粒子にはたらく力 $\mathbf{F}(t)$ はどのように決まるのだろうか．運動方程式自身からは粒子にどのような力がはたらくかは決まらない．実際には，解析したい状況において，たとえば万有引力の法則や電磁気力に関する法則により粒子にはたらく力 $\mathbf{F}(t)$ が決まることになる．

なお，質量の単位としては [kg]（キログラム）が用いられる．また，式 (1.7) にもとづいて力の単位が決められる．すなわち，1[kg] の物体が $1[\mathrm{m/s^2}]$ の加速度を得るとき，物体にはたらく力の大きさを 1[N]（ニュートン）という．地表の重力加速度の大きさは約 $9.8[\mathrm{m/s^2}]$ であるから，約 0.10[kg] の物体（小さめのりんご 1 個）にはたらく重力の大きさが約 1[N] にあたる．

なぜマクロな粒子の運動はこのような形式の法則に従っているのだろうか？基本法則として，ニュートンの運動方程式だけがその唯一の表現方法なのか？，ミクロな粒子の運動もこの法則にしたがうのか？，生命現象にも適用できるのか？，などいろいろと疑問がわいてくる人もいると思われる．とりあえずここでは，ニュートンの運動方程式を満足しない現象はこれまでに観測されたことがなく，解析が可能な場合は常に実験結果と一致することがその正しいことを

証明している，とだけ考えておくことにしよう．ミクロな運動の法則については，第 3 章で考えることにする．

1.1.2　ニュートンの運動方程式による解析：一定の力がはたらく粒子の運動

ニュートンの運動方程式によって，どのように粒子の運動を解析することができるのか，具体的にみてみよう．一つの例として，物体が落下するときのように，一定の大きさと方向をもつ力が質量 m の粒子にはたらきつづけている，という場合を考えよう．さらに，簡単のため 1 次元で解析することにしよう．これは 3 次元のベクトルである位置ベクトルの 3 成分のうちの 1 成分（ここでは x 成分）だけを考えることに対応する．粒子にはたらく一定の力を F_0 としよう．するとこの粒子に対する運動方程式は次のように書くことができる．

$$m\frac{d^2 x(t)}{dt^2} = F_0. \tag{1.8}$$

この運動方程式から時間の関数としての粒子の位置 $x(t)$ が得られれば，粒子の運動を予言できることになる．ニュートンの運動方程式は，数学的にみると，時間に関する 2 階の微分方程式であるから，基本的には時間 t で積分することによって解 $x(t)$ を得ることができるはずである．この場合，まず t で積分すると，

$$\frac{dx(t)}{dt} = v(t) = \frac{F_0}{m}t + v_0, \tag{1.9}$$

が得られる．ここで，v_0 は積分定数である．一定の力がはたらきつづけることから，粒子の速度 $v(t)$ は時間 t に比例して変化するという結果が得られた．さて，$x(t)$ を得るにはもう一度 t で積分する．すると，

$$x(t) = \frac{F_0}{2m}t^2 + v_0 t + x_0, \tag{1.10}$$

となる．なお，x_0 は積分定数である．ここで，時刻 $t = 0$ のとき，位置 $x(0) = 0$，速度 $v(0) = 0$ であることがわかっているとしよう．（時刻 $t = 0$ における位置や速度の値は初期条件とよばれる．）この条件から，積分定数 x_0, v_0 の値がそれぞれ，$x_0 = 0, v_0 = 0$ と決まる．したがって，

$$x(t) = \frac{F_0}{2m}t^2, \tag{1.11}$$

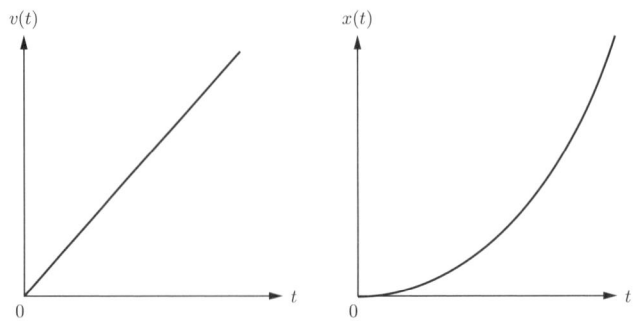

図 1.2　一定の力がはたらく粒子の運動

$$v(t) = \frac{F_0}{m}t, \qquad (1.12)$$

が得られた．$x(t)$，$v(t)$ をグラフに描くと図 1.2 のようになる．粒子の速度は時間に比例して増加し，位置は時間の 2 乗に比例して増加する．

この例のように，粒子にはたらく力が決まると運動方程式が具体的に決まり，それを時間 t で積分して速度が得られ，もう一度積分して位置がわかる．積分すると積分定数が現れるが，その値は運動方程式自身からは決まらない．いま解析しようとしている系の実際の状況に合わせて決定するわけである．

ニュートンの運動方程式による運動の解析は，多数の粒子が力を及ぼし合うような複雑な系においても基本的にはいまの単純な場合と同じである．粒子数が多くなると，時間 t による積分を解析的に（数式として）実行することは不可能になるが，そのときは計算機で数値計算を行えばよい．したがって，初期条件が決定され，粒子間にはたらく力がわかっていると，あくまで原理的にはであるが，未来の時刻（あるいは過去の時刻）におけるその系の粒子の運動はすべて予測可能となる．

1.1.3　ばねにつながれた粒子の運動：調和振動子

次の例として，図 1.3 のような，ばねにつながれた粒子（調和振動子）の運動を考えよう．この運動は単純なものであるが，実際にいろいろな系を解析するときのモデルとして，とても役に立つものである．まずはじめに，粒子は $x = 0$

1.1 マクロな運動：ニュートンの運動法則

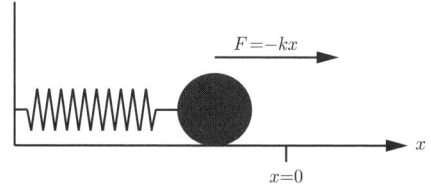

図 1.3　ばねにつながれた粒子

の位置で静止しているとしよう．(この運動は 1 次元で考えることができる．) その粒子を手で押して位置 $x = x_0$ まで移動させたのち手をはなすと，その後の運動はどうなるだろうか．粒子はばねにつながっているので $x = 0$ を中心として振動するだろうと予想されるが，それをニュートンの運動方程式を用いて定量的に解析しよう．さて，運動方程式を立てる際には，問題とする粒子にはたらく力を知る必要がある．ばねから粒子にはたらく力 F は，ばねの伸びに比例することから，比例係数を k として $F = -kx$ と表すことができる．ここで，比例係数 k（ばね定数という）は正の数である．その前に負の符号をつける理由は，x が正のとき負の方向へ，負のとき正の方向に力 F が向くからである．粒子の質量を m とすると，運動方程式は次のようになる．

$$m\frac{d^2 x(t)}{dt^2} = -kx(t). \tag{1.13}$$

この運動方程式を満足する $x(t)$ はどのような関数だろうか．$x(t)$ は，時間 t で 2 階微分すると自分自身に比例する関数が得られるような関数である．たとえば，$x(t) = \cos(\omega t)$（ω はある定数）はその候補となる関数である．実際

$$\frac{d^2 \cos(\omega t)}{dt^2} = -\omega^2 \cos(\omega t) \tag{1.14}$$

となる．ここで，もし定数 ω が $\omega^2 = \frac{k}{m}$ の関係を満たせば，関数 $x(t) = \cos(\omega t)$ は運動方程式 (1.13) を満足することがわかる．さらに，二つの定数 A と δ を用いて

$$x(t) = A\cos\left(\sqrt{\frac{k}{m}}t + \delta\right) \tag{1.15}$$

と一般化してもやはり運動方程式 (1.13) を満足することは，実際に代入してみると簡単に確認できる．数学的には，任意定数を二つ（A と δ）含むこの形が，2 階の微分方程式 (1.13) の一般解であることが知られている．一般解であるという意味は，もし他の形で表現される解があるとしても，関数としては結局式 (1.15) と同じものである，ということである．ここで任意定数が二つ現れた理由は，運動方程式が時間 t に関する 2 階の微分方程式であることと関係がある．（時間 t で 1 回積分すると，積分定数が一つ出てくる．）

粒子の位置 $x(t)$ が先に得られたので，次に速度 $v(t)$ を求めよう．速度の定義 $v(t) = \frac{dx(t)}{dt}$ から

$$v(t) = -A\sqrt{\frac{k}{m}} \sin\left(\sqrt{\frac{k}{m}}t + \delta\right) \tag{1.16}$$

が得られる．

以上のように，運動方程式を解いて得られた解は，この粒子が $x = 0$ を中心として時間的に振動することを表している．前節の例と同様に，一般解に含まれている任意定数は，実際の運動においてはある特定の値をもつが，運動方程式からは決まらない．そして，任意定数は二つあることから，二つの条件があれば A と δ は具体的な値をもつ．たとえば，時刻 $t = 0$ のときの粒子の位置が $x(0) = a_0$，速度が $v(0) = 0$ であったしよう．すると A と δ は次の関係を満たさなければならない．

$$a_0 = A\cos(\delta), \tag{1.17}$$

$$0 = -A\sqrt{\frac{k}{m}}\sin(\delta), \tag{1.18}$$

これより，$A = a_0$，$\delta = 0$ となることがわかる．したがって，最終的に

$$x(t) = a_0\cos(\omega t), \qquad \omega = \sqrt{\frac{k}{m}} \tag{1.19}$$

が得られる．なお，任意定数を決定する条件は必ずしも時刻 $t = 0$ のときの粒子の位置と速度でなくてもよく，たとえば，時刻 $t = 0$ における粒子の位置と $t = T$ における粒子の位置でもよい．特に時刻 $t = 0$ における条件は初期条件とよばれている．

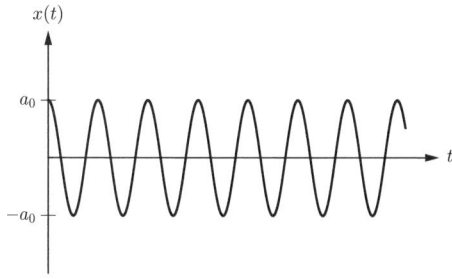

図 1.4 ばねにつながれた粒子の運動

　運動方程式から得られた運動について見てみよう．粒子の位置 $x(t)$ の時間変化をグラフに表すと図 1.4 のようになる．粒子は $x = a_0$ と $x = -a_0$ の間を振動する．この a_0 は振動の振幅とよばれる．また，1 回の振動にかかる時間（周期 T）は，cos の中（位相という）が 2π だけ変化するのに要する時間であることから，$\omega T = 2\pi$ より $T = 2\pi/\omega = 2\pi\sqrt{\frac{m}{k}}$ となる．この結果は，ばね定数 k が大きいほど，また，粒子の質量が小さいほど周期 T は短くなるということを示している．なお，ω は振動の角振動数とよばれ，1 秒間（単位時間）に振動の位相がどれだけ変化するかを表す量である．

1.2　保　存　量

1.2.1　運　動　量

　いくつかの粒子が力を及ぼし合いながら運動している系では，それぞれの粒子の位置や速度は時間とともにたえず変化していく．先にふれたように，ニュートンの運動方程式にもとづいて，それらの値の時間変化を予測することが原理的には可能である．実際の問題では，解析的に解ける場合はごく限られていて，数値計算により近似的に解くことになる．しかし，もし粒子間に具体的にどんな力がはたらいているのかがわかっていないとすると，運動方程式を解くことはもちろんできない．ところがおもしろいことに，それぞれの粒子の位置や速度がどんなに複雑な変化をしても，系全体としてみると一定の値を保ち続けるという性質をもつ物理量が存在する．それは保存量とよばれ，粒子の位置や速

度の関数として表されるが，その値は初期条件によって決まるある値をとり続ける．ある時刻における保存量の値がわかっていれば，どんな複雑な現象が系の中で起こったとしても，その値を保ち続ける．そのため，保存量は運動の解析においてとても重要な役割を果たしている．力学における保存量として重要なものは次の三つ，運動量，エネルギー，そして角運動量であり，いずれも運動方程式にもとづいて導入することができる．

まず運動量から始めよう．ある粒子の1次元の運動を考え，その運動方程式を

$$m\frac{d^2x(t)}{dt^2} = F(t) \tag{1.20}$$

と書く．ある時刻 $t = t_0$ から非常に短い時間 Δt だけ後の時刻 $t = t_0 + \Delta t$ までの間，粒子にはたらく力 $F(t)$ は $F(t_0)$ で一定とみなせるとしよう．運動方程式の両辺に Δt を掛けると，その左辺は微分の定義より，

$$\begin{aligned}m\frac{d^2x(t)}{dt^2}\Delta t &= m\left(\left.\frac{dx(t)}{dt}\right|_{t=t_0+\Delta t} - \left.\frac{dx(t)}{dt}\right|_{t=t_0}\right) \\ &= m\{v(t_0+\Delta t) - v(t_0)\},\end{aligned} \tag{1.21}$$

となる．このことから，次の関係が得られる．

$$mv(t_0+\Delta t) - mv(t_0) = F(t_0)\Delta t. \tag{1.22}$$

この関係式が意味するところはこうである．粒子の速度に質量を掛けた $mv(t)$ という量に着目すると，それが時刻 $t = t_0$ から $t = t_0 + \Delta t$ の間に変化する量は，その粒子にはたらいている力 $F(t_0)$ に Δt を掛けたものに等しい（図1.5(a)）．この $mv(t)$ は粒子の運動量とよばれ，$F(t_0)\Delta t$ は力積とよばれる．すなわち，粒子の運動量の変化量は，粒子にはたらく力積に等しい．なお，運動量の単位はその定義から [kg·m/s]，力積の単位は [N·s] であるが，もちろんこれらは同じものである．

次にもう少し長い時間，ある時刻 t_1 から t_2 について，粒子の運動量の変化を考えよう．その間に粒子に対してはたらく力 $F(t)$ は一定ではなく，図1.5(b)のように変化しているとしよう．時刻 t_1 から t_2 までの時間を，非常に短い時間間隔 Δt の集まりとして考えることができる．それぞれの Δt の間は力が変化しないものと考えると，ある時刻 t から $t + \Delta t$ の間の運動量変化は，上の結

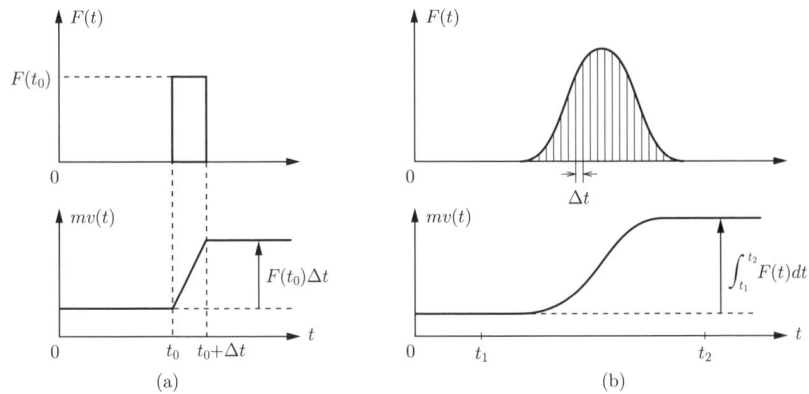

図 1.5 運動量の変化と力積

果から，$F(t)\Delta t$ で与えられる．そして，時刻 t_1 から t_2 の間の運動量変化は，$F(t)\Delta t$ を時刻 t_1 から t_2 までのすべての時間間隔 Δt について計算して，それらの総和をとったものとなる．より正確には，時間間隔 Δt を限りなくゼロに近づけていったときに $F(t)\Delta t$ の総和が収束していく値である．これは図 1.5(b) に示すように，力 $F(t)$ を表す曲線と横軸 $F(t)=0$ にはさまれた領域の面積に対応し，積分 $\int_{t_1}^{t_2} F(t)dt$ で表される．すなわち，求める運動量の変化は次のように表現できる．

$$mv(t_2) - mv(t_1) = \int_{t_1}^{t_2} F(t)dt. \tag{1.23}$$

これは式 (1.22) を拡張したものであり，時刻 t_1 から t_2 における粒子の運動量変化（左辺）は，その間に粒子にはたらく力積（右辺）に等しい．さて，この関係は，数学的にみると単にニュートンの運動方程式を時間 t で積分したものである．それでは，mv という量の保存量としての性質は一体どこに現れるのだろうか．それは，二つの粒子の運動量変化を考えたときに明らかになる．

二つの粒子 a と b が互いに力を及ぼし合いながら運動している状況を考えよう．それぞれの粒子の質量を m_a, m_b とし，粒子 b から a に対してはたらく力を F_a, 粒子 a から b に対してはたらく力を F_b と表そう．すると，粒子 a の運動量 $m_a v_a(t)$ および粒子 b の運動量 $m_b v_b(t)$ に対して，式 (1.23) に対応する

次の関係が成り立つ．

$$m_a v_a(t_2) - m_a v_a(t_1) = \int_{t_1}^{t_2} F_a(t) dt \tag{1.24}$$

$$m_b v_b(t_2) - m_b v_b(t_1) = \int_{t_1}^{t_2} F_b(t) dt. \tag{1.25}$$

さてここで F_a と F_b との関係に着目しよう．ニュートンの運動法則の (3) 番目（作用・反作用の法則）によると，二つの物体 a と b が互いに力を及ぼし合うとき，a から b に対してはたらく力 F_b と b から a に対してはたらく力 F_a とは大きさが等しく，逆向きである（図1.6）．つまり $F_a(t) = -F_b(t)$ が成り立つ．すると式 (1.24), (1.25) から次の関係が導かれる．すなわち，

$$m_a v_a(t_1) + m_b v_b(t_1) = m_a v_a(t_2) + m_b v_b(t_2). \tag{1.26}$$

この関係が意味することは，はじめの時刻 t_1 において二つの粒子の運動量を足し算した結果は，後の時刻 t_2 において足し算した結果と同じ，ということである．それぞれの粒子の運動量は時間とともに変化するが，二つの粒子についての和は時間変化しない．これは運動量が保存量であることを意味しており，式 (1.26) の関係は運動量保存則とよばれている．重要な点は，この関係式には粒子間の力 $F_a(t)$, $F_b(t)$ が現れていないことである．つまり粒子間の相互作用の詳細に関する情報がなくても，運動量保存則にもとづく解析が可能であることを意味している．

さて，粒子が n 個あって互いに力を及ぼし合っている系においても同様の関係は成り立つだろうか．系の中のある粒子が受ける力は，他の粒子から受ける力の総和である．またそれぞれの粒子対について，及ぼし合う力には作用・反作用の法則が適用される．その結果，次の関係式が得られることは読者の演習問題としておこう．

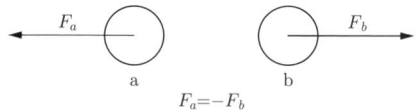

図 **1.6** 作用・反作用の法則

$$\sum_{i=1}^{n} m_i v_i(t_1) = \sum_{i=1}^{n} m_i v_i(t_2). \tag{1.27}$$

ここで，$m_i v_i(t)$ は i 番目の粒子の運動量である．このように，任意の粒子数からなる系において，運動量保存則が成立する．

以上の議論を 3 次元の場合に拡張することも簡単である．それは，これまでの 1 次元における議論が x, y, z 成分のそれぞれで成り立つからだ．それら 3 成分をまとめて表現したのが 3 次元のベクトルであることから，速度 $\mathbf{v(t)}$ をもつ質量 m の粒子の運動量はベクトルとなり，3 次元の場合，$m\mathbf{v}(t) = (mv_x(t), mv_y(t), mv_z(t))$ と表される．そして運動量 $m\mathbf{v}$ の時間変化と力積との関係は，

$$m\mathbf{v}(t_2) - m\mathbf{v}(t_1) = \int_{t_1}^{t_2} \mathbf{F}(t) dt \tag{1.28}$$

となる．また，運動量保存則は

$$\sum_{i=1}^{n} m_i \mathbf{v}_i(t_1) = \sum_{i=1}^{n} m_i \mathbf{v}_i(t_2) \tag{1.29}$$

と表される．すなわち，それぞれの粒子の運動量ベクトル $m_i \mathbf{v}_i$ は大きさも方向も時間とともに変化するとしても，全粒子についての運動量ベクトルの総和は，一定の大きさと方向をもったままで時間変化しない．そしてこの関係は，粒子間にどんな力がはたらいていても，それとは無関係に成立することから，運動の解析において強力な武器となるのである．

1.2.2 エネルギー

次にエネルギーについて考えてみよう．エネルギーも運動量と同様に，ニュートンの運動方程式を積分することにより導かれる保存量である．運動量の場合，ある時刻 t_1 から t_2 まで，時間 t で運動方程式を積分した．今度は，時間とともに変化している粒子の座標で積分を行う．まず 1 次元の場合を考えよう．ある時刻 t_0 から $t_0 + \Delta t$ までの非常に短い時間 Δt の間に，粒子の座標 x が x_0 から $x_0 + \Delta x$ まで変化したとしよう．運動方程式の両辺に Δx を掛けると

$$m\frac{d^2x(t)}{dt^2}\Delta x = F\Delta x \tag{1.30}$$

となる．時刻 t_0 における速度を v とし，$\Delta x = v\Delta t$ を用いて左辺を書き換えると，

$$m\frac{d^2x(t)}{dt^2}v\Delta t = F\Delta x. \tag{1.31}$$

ここで，$\frac{d^2x}{dt^2}\Delta t = \frac{dv}{dt}\Delta t = \Delta v$ を用いると，

$$mv\Delta v = F\Delta x, \tag{1.32}$$

が得られる．ここで，$mv\Delta v$ は，非常に短い時間 Δt の間の速度変化 Δv にともなう $\frac{1}{2}mv^2$ という量の変化に等しいということが次のようにしてわかる．

$$\Delta\left(\frac{1}{2}mv^2\right) = \frac{d}{dv}\left(\frac{1}{2}mv^2\right)\Delta v = mv\Delta v. \tag{1.33}$$

これを用いて式 (1.32) を書き直すと，次の関係が得られる．

$$\Delta\left(\frac{1}{2}mv^2\right) = F\Delta x. \tag{1.34}$$

この式の意味するところは，非常に短い時間 Δt の間に関して，粒子の受けた力 F とその間の座標変化 Δx との積は，粒子に関する $\frac{1}{2}mv^2$ という量の変化に等しい，ということだ．この $\frac{1}{2}mv^2$ という量は粒子の運動エネルギーとよばれる．一方，$F\Delta x$ は，力が粒子に対してなす仕事とよばれる．仕事の値は，力 F と変位 Δx が同じ方向（すなわち同じ符号）であれば正となり，それらが異なれば負になる．そして，力のなす仕事が正の値のとき粒子の運動エネルギーは増加し，仕事が負の値のとき減少する．

今度はもう少し長い時間，ある時刻 t_1 から t_2 について，粒子の運動エネルギーの変化と力のなす仕事との関係を考えよう．その間に粒子に対してはたらく力 F は，一般には時間変化している．運動量と力積の関係を考えた場合と同様に，時刻 t_1 から t_2 までの時間を，非常に短い時間間隔 Δt の集まりとして考えることができる．それぞれの Δt の間は力が変化しないものと考えると，時刻 t から $t+\Delta t$ の間の運動エネルギー変化は $F(t)\Delta x$ で与えられ，時刻 t_1 から t_2 の間の運動エネルギー変化は，$F(t)\Delta x$ を時刻 t_1 から t_2 までのすべての

時間間隔 Δt について計算して総和をとったものとなる．正確には，時間間隔 Δt をゼロに限りなく近づけていったときに $F\Delta x$ の総和が収束していく値である．時刻 t_1 における粒子の位置を x_1，t_2 における位置を x_2 とすると，これは積分 $\int_{x_1}^{x_2} F dx$ で表される．こうして，求める運動エネルギーの変化は次のように表現される．

$$\frac{1}{2}mv(t_2)^2 - \frac{1}{2}mv(t_1)^2 = \int_{x_1}^{x_2} F dx. \tag{1.35}$$

さて，3次元で運動する粒子に対して，運動エネルギーや仕事という量を定義しよう．どうすれば上の1次元の場合とうまくつながるだろう．1次元において運動エネルギーは $\frac{1}{2}mv^2$ と定義されたが，3次元においても運動エネルギーは $\frac{1}{2}mv^2$ の形で表されるとしてみよう．この場合，速度 v の2乗 v^2 は，v の x, y, z 成分 v_x, v_y, v_z を用いて $v^2 = v_x^2 + v_y^2 + v_z^2$ と表されるので，運動エネルギーは，

$$\frac{1}{2}mv^2 = \frac{1}{2}m\left(v_x^2 + v_y^2 + v_z^2\right), \tag{1.36}$$

となるだろう．右辺の中の各項に対して，式 (1.34) から

$$\Delta\left(\frac{1}{2}mv_x^2\right) = F_x \Delta x, \tag{1.37}$$

$$\Delta\left(\frac{1}{2}mv_y^2\right) = F_y \Delta y, \tag{1.38}$$

$$\Delta\left(\frac{1}{2}mv_z^2\right) = F_z \Delta z, \tag{1.39}$$

が成り立つはずである．ここで，力 $\mathbf{F} = (F_x, F_y, F_z)$，変位 $\Delta \mathbf{r} = (\Delta x, \Delta y, \Delta z)$ として3次元の表現としてまとめると，運動エネルギー変化と仕事との関係は

$$\Delta\left(\frac{1}{2}mv^2\right) = F_x\Delta x + F_y\Delta y + F_z\Delta z, \tag{1.40}$$

$$= \mathbf{F}\cdot\Delta\mathbf{r} \tag{1.41}$$

$$= |\mathbf{F}||\Delta\mathbf{r}|\cos\theta \tag{1.42}$$

となる．このように，力 $\mathbf{F}$ が粒子に対してなす仕事は，力がはたらいている間の粒子の変位を $\Delta \mathbf{r}$ とすると，これらのベクトルの内積で表すことができる

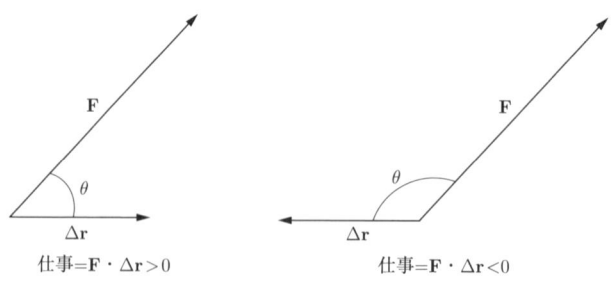

図 1.7 仕事の定義

(図 1.7). これは式 (1.34) に対応するが, 式 (1.35) に対応する 3 次元の表式は, 図 1.8 のように, 式 (1.40) で与えられる微小変化をある位置 $\mathbf{r}_1$ から $\mathbf{r}_2$ まで足し算して得られる. すなわち, 各成分について

$$\frac{1}{2}mv_x(t_2)^2 - \frac{1}{2}mv_x(t_1)^2 = \int_{x_1}^{x_2} F_x dx, \quad (1.43)$$

$$\frac{1}{2}mv_y(t_2)^2 - \frac{1}{2}mv_y(t_1)^2 = \int_{y_1}^{y_2} F_y dy, \quad (1.44)$$

$$\frac{1}{2}mv_z(t_2)^2 - \frac{1}{2}mv_z(t_1)^2 = \int_{z_1}^{z_2} F_z dz, \quad (1.45)$$

が成り立つので, これらの左辺, 右辺の和をとると, 運動エネルギーの変化を次のように表すことができる.

$$\frac{1}{2}m\mathbf{v}(t_2)^2 - \frac{1}{2}m\mathbf{v}(t_1)^2 = \int_{x_1}^{x_2} F_x dx + \int_{y_1}^{y_2} F_y dy + \int_{z_1}^{z_2} F_z dz, \quad (1.46)$$

$$= \int_{\mathbf{r}_1}^{\mathbf{r}_2} \mathbf{F} \cdot d\mathbf{r}. \quad (1.47)$$

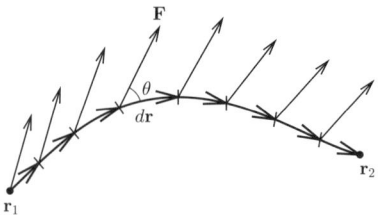

図 1.8 力, 変位と仕事

なお，$d\mathbf{r} = (dx, dy, dz)$ である．数学的にはベクトルの積分

$$\int_{\mathbf{r}_1}^{\mathbf{r}_2} \mathbf{F} \cdot d\mathbf{r}, \tag{1.48}$$

を，ベクトル $\mathbf{F}$ の線積分とよぶ．

3次元の場合，力のなす仕事は，力と変位との内積，すなわち，力のベクトルが変位方向にもつ成分と変位の大きさとを掛けたもので与えられる．もしそれらのベクトルの方向が互いに垂直であると，力がはたらいてもその仕事はゼロとなり，粒子の運動エネルギーは変化しない．もちろん，力がはたらいていても変位がゼロであれば仕事はゼロとなる．このように，力がはたらいても運動エネルギーが変化しない場合がある．この点は運動量の場合と大きく異なっている．なぜなら，粒子に対して力がはたらくとその運動量は常に力の方向に変化するからである．また，運動エネルギーと運動量との大きな違いとして，運動量は方向と大きさをもつベクトルであるのに対して，運動エネルギーはスカラー（数）であり，方向はもっていないことにもあらためて注意しておこう．

さて，以上のようにして得られた運動エネルギーと仕事との関係から，力学的エネルギーという保存量が導かれる．まず，ばねにつながれた粒子の運動（1次元）を例にとって考えよう．前節と同様に，粒子の座標が x のときにばねから受ける力を $-kx$ としよう．この粒子は $x=0$ を中心に振動するが，ある時刻 t_1 から t_2 の間に位置 $x = x_1$ から $x = x_2$ まで運動するとして，その間に力のなす仕事は，

$$\int_{x_1}^{x_2} (-kx)dx = -\frac{1}{2}kx_2^2 + \frac{1}{2}kx_1^2, \tag{1.49}$$

である．なおここで，時刻 t_1 から t_2 の間に粒子が何回振動したとしても，仕事は式 (1.49) で与えられることに注意しておこう．この仕事は，粒子の運動エネルギーの変化と等しいことから，

$$-\frac{1}{2}kx_2^2 + \frac{1}{2}kx_1^2 = \frac{1}{2}mv(t_2)^2 - \frac{1}{2}mv(t_1)^2, \tag{1.50}$$

となる．これより次の関係が成り立つことがわかる．

$$\frac{1}{2}mv(t_1)^2 + \frac{1}{2}kx_1^2 = \frac{1}{2}mv(t_2)^2 + \frac{1}{2}kx_2^2. \tag{1.51}$$

この関係は，時刻 t_1 において粒子の運動エネルギーと $\frac{1}{2}kx^2$ という量の和を計算すると，時刻 t_2 においてそれらの和を計算した結果と同じになる，ことを示している．このことから，運動エネルギー $\frac{1}{2}mv^2$ と $\frac{1}{2}kx^2$ という量に着目すると，それぞれの値は粒子の振動とともに変化するが，それらの和は時間変化しない，と結論される．この $\frac{1}{2}kx^2$ はポテンシャルエネルギーとよばれる．そして，運動エネルギーとポテンシャルエネルギーの和が時間変化しないことを，力学的エネルギーの保存則という．このようにして，ばねにつながれた粒子の運動においては，力学的エネルギーという保存量を定義することができることがわかった．それは一般的に可能なのだろうか．

ある粒子が，その位置 $\mathbf{r}$ によって決まるような力 $\mathbf{F}(\mathbf{r})$ を受けながら運動しているとしよう．一般的に考えるために3次元の場合を扱う．さて，この粒子が位置 $\mathbf{r}_1$ から $\mathbf{r}_2$ まで運動する間に，力 $\mathbf{F}(\mathbf{r})$ が粒子に対してなす仕事 W は，式 (1.47) より，

$$W = \int_{\mathbf{r}_1}^{\mathbf{r}_2} \mathbf{F}(\mathbf{r}) \cdot d\mathbf{r}, \tag{1.52}$$

で与えられる．この W の値は位置 $\mathbf{r}_1$ から $\mathbf{r}_2$ までどのような経路を経て粒子が運動するのかによって変わってくると考えるのが自然であろう．しかしここで次のような仮定をしてみる．すなわち，仕事 W の値は始めの位置 $\mathbf{r}_1$ と終りの位置 $\mathbf{r}_2$ のみで決まり，途中のどのような経路に沿って運動するかには依存しない，という仮定である．これは不自然に思えるかもしれないが，ばねにつながれた粒子にはたらく力，静電気力や万有引力などはこの性質をもっていることを示すことができる．ここではそれを仮定して話を進めよう．このような性質をもつ力は一般に保存力とよばれている．

力 $\mathbf{F}(\mathbf{r})$ がこの仮定を満足するとすると，ある経路 I に沿って運動する場合と他の経路 II に沿って運動する場合に対して，

$$\int_{\mathbf{r}_1}^{\mathbf{r}_2} \mathbf{F}(\mathbf{r}) \cdot d\mathbf{r}(経路\text{ I}) = \int_{\mathbf{r}_1}^{\mathbf{r}_2} \mathbf{F}(\mathbf{r}) \cdot d\mathbf{r}(経路\text{ II}), \tag{1.53}$$

が成り立つ．ここで図 1.9 のように，経路 II の途中のある固定した点 P（位置ベクトル $\mathbf{r_P}$）を考えると，

1.2 保存量

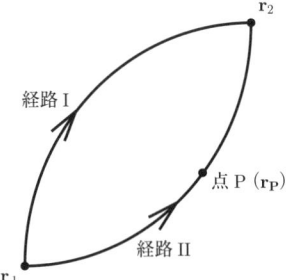

図 1.9 保存力と仕事

$$\int_{\mathbf{r}_1}^{\mathbf{r}_2} \mathbf{F}(\mathbf{r}) \cdot d\mathbf{r}(経路\text{ II}) = \int_{\mathbf{r}_1}^{\mathbf{r}_P} \mathbf{F}(\mathbf{r}) \cdot d\mathbf{r} + \int_{\mathbf{r}_P}^{\mathbf{r}_2} \mathbf{F}(\mathbf{r}) \cdot d\mathbf{r}, \quad (1.54)$$

のように仕事を二つに分けることができる．もし運動の方向を逆にすると変位 $d\mathbf{r}$ の方向が逆になるので

$$\int_{\mathbf{r}_P}^{\mathbf{r}_2} \mathbf{F}(\mathbf{r}) \cdot d\mathbf{r} = -\int_{\mathbf{r}_2}^{\mathbf{r}_P} \mathbf{F}(\mathbf{r}) \cdot d\mathbf{r}, \quad (1.55)$$

が成り立つことに注意すると

$$\int_{\mathbf{r}_1}^{\mathbf{r}_2} \mathbf{F}(\mathbf{r}) \cdot d\mathbf{r}(経路\text{ II}) = \int_{\mathbf{r}_1}^{\mathbf{r}_P} \mathbf{F}(\mathbf{r}) \cdot d\mathbf{r} - \int_{\mathbf{r}_2}^{\mathbf{r}_P} \mathbf{F}(\mathbf{r}) \cdot d\mathbf{r}, \quad (1.56)$$

と書くことができる．さて，ここで次のように $U(\mathbf{r})$ を定義しよう．

$$U(\mathbf{r}) = \int_{\mathbf{r}}^{\mathbf{r}_P} \mathbf{F}(\mathbf{r}) \cdot d\mathbf{r}. \quad (1.57)$$

すると式 (1.56) は

$$\int_{\mathbf{r}_1}^{\mathbf{r}_2} \mathbf{F}(\mathbf{r}) \cdot d\mathbf{r}(経路\text{ II}) = U(\mathbf{r}_1) - U(\mathbf{r}_2), \quad (1.58)$$

と表される．先の仮定から，左辺は経路 I に対してだけでなく，任意の経路に対して同じ値をもつはずである．

$$\int_{\mathbf{r}_1}^{\mathbf{r}_2} \mathbf{F}(\mathbf{r}) \cdot d\mathbf{r}(任意の経路) = U(\mathbf{r}_1) - U(\mathbf{r}_2), \quad (1.59)$$

これを式 (1.47) に代入すると

$$\frac{1}{2}m\mathbf{v}(t_2)^2 - \frac{1}{2}m\mathbf{v}(t_1)^2 = U(\mathbf{r}_1) - U(\mathbf{r}_2), \tag{1.60}$$

が得られる．項を入れ替えると，

$$\frac{1}{2}m\mathbf{v}(t_1)^2 + U(\mathbf{r}_1) = \frac{1}{2}m\mathbf{v}(t_2)^2 + U(\mathbf{r}_2), \tag{1.61}$$

の関係が導かれる．この重要な関係は，ある時刻における粒子の運動エネルギーと，粒子の位置 $\mathbf{r}$ の関数である $U(\mathbf{r})$ との和は時間変化しない，ことを意味している．関数 $U(\mathbf{r})$ はポテンシャルエネルギーとよばれている．このようにして，運動エネルギーやポテンシャルエネルギーの値は運動とともに変化するが，それらの和は時間的に一定であるという関係が得られた．これが力学的エネルギー保存則である．

なお，エネルギーの単位としては [J]（ジュール）が用いられる．1[N] の大きさの力が，その方向に 1[m] だけ物体を移動させたときになす仕事が 1[J] である．

ポテンシャルエネルギーを定義するときに用いた点 P に対して，$U(\mathbf{r})$ は

$$U(\mathbf{r_P}) = \int_{\mathbf{r_P}}^{\mathbf{r_P}} \mathbf{F}(\mathbf{r}) \cdot d\mathbf{r} = 0, \tag{1.62}$$

である．したがって点 P はポテンシャルエネルギーの基準点であるといえる．この基準点の位置は原理的には空間のどこでもよいが，問題に応じて解析が簡単化するように選ばれる．たとえば，ばねにつながれた粒子の場合，ポテンシャルエネルギー $U(x) = \frac{1}{2}kx^2$ の基準点は $x=0$ の位置にとっている．

ポテンシャルエネルギー $U(\mathbf{r})$ の代表例として万有引力の場合を考えよう．太陽のまわりを運動する地球のポテンシャルエネルギーを上の定義にしたがって計算することにしよう．太陽の質量 M は地球の質量 m よりもはるかに大きいので，太陽は静止していると考えることができる．そこで太陽を原点とした地球の位置ベクトルを $\mathbf{r}$ とすると，地球に対して太陽からはたらく力 $\mathbf{F}(\mathbf{r})$ は

$$\mathbf{F}(\mathbf{r}) = \frac{GMm}{|\mathbf{r}|^2} \frac{-\mathbf{r}}{|\mathbf{r}|}, \tag{1.63}$$

と表すことができる．これは万有引力の法則とよばれ，ニュートンにより発見された（I. Newton, 1687 年）．G は万有引力定数であり，その値は約

$6.67 \times 10^{-11} [\mathrm{m}^3/\mathrm{kg} \cdot \mathrm{s}^2]$ である．ここで重要なことは，力の大きさが距離 $|\mathbf{r}|$ の 2 乗に逆比例し，質量の積に比例することである．$\frac{-\mathbf{r}}{|\mathbf{r}|}$ は地球から太陽の方向を向く単位ベクトル（長さ 1 のベクトル）であり，単に力の方向を示すためについているにすぎない．なお，このような距離の 2 乗に逆比例する力は静電気力においても現れる．さて，この力も保存力である．すなわち，$\mathbf{F}(\mathbf{r})$ が地球に対してなす仕事 W は，地球の始めの位置 $\mathbf{r}_1$ と終りの位置 $\mathbf{r}_2$ のみで決まり，途中どのような経路に沿って運動するかには依存しない．これは，力が $|\mathbf{r}|$ のみに依存することを用いて証明することができるので，読者の演習としよう．このことから，ポテンシャルエネルギー $U(\mathbf{r})$ は，

$$U(\mathbf{r}) = \int_{\mathbf{r}}^{\mathbf{r}_P} \mathbf{F}(\mathbf{r}) \cdot d\mathbf{r}, \tag{1.64}$$

$$= \int_{r}^{\infty} \frac{GMm}{r^2} dr \tag{1.65}$$

となる．ここで，$|\mathbf{r}| = r$，$|d\mathbf{r}| = dr$ とおいた．また $U(\mathbf{r})$ の基準点 P としては，距離 $|\mathbf{r}|$ が無限大になって力がゼロとなる無限遠方にある点を用いた．式 (1.65) の積分を計算することにより，

$$U(\mathbf{r}) = -\frac{GMm}{r} \tag{1.66}$$

が得られる．このように，ポテンシャルエネルギー $U(\mathbf{r})$ は太陽からの距離 r のみに依存し，$\frac{1}{r}$ に比例する形になる（図1.10）．これは力の大きさが $\frac{1}{r^2}$ に比例することの帰結であり，静電気力のポテンシャルエネルギーも同じ形となる．（ただし，万有引力は引力のみだが，静電気力には斥力と引力の 2 種類がある点が異なる．）

これまでにみたように，保存力 $\mathbf{F}(\mathbf{r})$ に対しては，ポテンシャルエネルギー $U(\mathbf{r})$ を定義することができ，これらは

$$\int_{\mathbf{r}_1}^{\mathbf{r}_2} \mathbf{F}(\mathbf{r}) \cdot d\mathbf{r}\,(任意の経路) = U(\mathbf{r}_1) - U(\mathbf{r}_2), \tag{1.67}$$

の関係を満たしていた．さて実際に解析を行う場面では，先にポテンシャルエネルギーが得られていて，それをもとに粒子にはたらく力を知りたい場合もある．その場合に便利な表式を次のようにして得ることができる．式 (1.67) の関

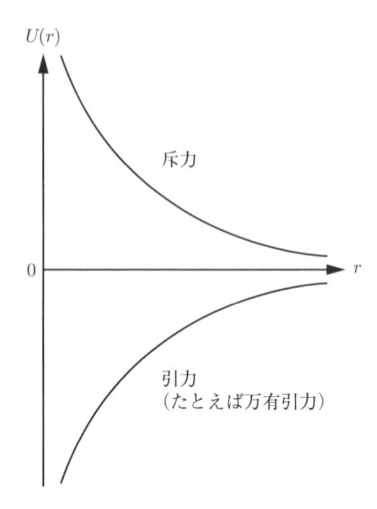

図 1.10 $1/r$ に比例するポテンシャルエネルギー

係を，位置 $\mathbf{r}_2$ と $\mathbf{r}_1$ が非常に接近した微小区間 $\Delta \mathbf{r} = \mathbf{r}_2 - \mathbf{r}_1$ に適用しよう．すると，

$$\mathbf{F}(\mathbf{r}_1) \cdot \Delta \mathbf{r} = U(\mathbf{r}_1) - U(\mathbf{r}_2), \tag{1.68}$$

と書け，これを成分で書き直すと，

$$F_x(\mathbf{r}_1)\Delta x + F_y(\mathbf{r}_1)\Delta y + F_z(\mathbf{r}_1)\Delta z = -\{U(\mathbf{r}_2) - U(\mathbf{r}_1)\}, \tag{1.69}$$

となる．ここで，$\Delta \mathbf{r} = (\Delta x, \Delta y, \Delta z) = (x_2 - x_1, y_2 - y_1, z_2 - z_1)$ である．もし微小区間 $\Delta \mathbf{r}$ として，x 方向だけに変位するような $\Delta \mathbf{r} = (\Delta x, 0, 0)$ を考えると，

$$F_x(\mathbf{r}_1)\Delta x = -\{U(\mathbf{r}_2) - U(\mathbf{r}_1)\}, \tag{1.70}$$

であることから，力の x 成分 $F_x(\mathbf{r}_1)$ は

$$F_x(\mathbf{r}_1) = -\frac{U(\mathbf{r}_2) - U(\mathbf{r}_1)}{\Delta x}, \tag{1.71}$$

$$= -\frac{\Delta U}{\Delta x}, \tag{1.72}$$

から計算できることになる．ここで，$\Delta U = U(\mathbf{r}_2) - U(\mathbf{r}_1)$ とした．もっと正確には，位置 $\mathbf{r}$ における力 $\mathbf{F}(\mathbf{r})$ の x 成分は，$\Delta y = \Delta z = 0$ のもとで Δx を

1.2 保存量

ゼロに近づけたときの極限値として,

$$F_x(\mathbf{r}) = \lim_{\Delta x \to 0} -\left(\frac{\Delta U}{\Delta x}\right), \tag{1.73}$$

$$= -\frac{\partial U}{\partial x}, \tag{1.74}$$

と表される. $\frac{\partial U}{\partial x}$ は, x, y, z の関数である U の x に関する偏微分とよばれる. すなわち, U の x に関する偏微分とは,

$$\frac{\partial U(x, y, z)}{\partial x} \equiv \lim_{\Delta x \to 0} \frac{U(x + \Delta x, y, z) - U(x, y, z)}{\Delta x}, \tag{1.75}$$

で定義される.

力 $\mathbf{F}(\mathbf{r})$ の y, z 成分についても同様に考えて

$$F_y(\mathbf{r}) = -\lim_{\Delta y \to 0} \frac{\Delta U}{\Delta y}, \tag{1.76}$$

$$= -\frac{\partial U}{\partial y}, \tag{1.77}$$

$$F_z(\mathbf{r}) = -\lim_{\Delta z \to 0} \frac{\Delta U}{\Delta z}, \tag{1.78}$$

$$= -\frac{\partial U}{\partial y}, \tag{1.79}$$

より得られることがわかる. ここで y, z に関する偏微分も x 成分と同様に,

$$\frac{\partial U(x, y, z)}{\partial y} \equiv \lim_{\Delta y \to 0} \frac{U(x, y + \Delta y, z) - U(x, y, z)}{\Delta y}, \tag{1.80}$$

$$\frac{\partial U(x, y, z)}{\partial z} \equiv \lim_{\Delta z \to 0} \frac{U(x, y, z + \Delta z) - U(x, y, z)}{\Delta z}, \tag{1.81}$$

のように定義されている. そして, 力 $\mathbf{F}(\mathbf{r})$ はベクトルであることから,

$$\mathbf{F}(\mathbf{r}) = -\left(\frac{\partial U}{\partial x}, \frac{\partial U}{\partial y}, \frac{\partial U}{\partial z}\right), \tag{1.82}$$

と表すことができる. この式は, 表現を簡単化するために, ナブラ $\nabla \equiv \left(\frac{\partial}{\partial x}, \frac{\partial}{\partial y}, \frac{\partial}{\partial z}\right)$ という記号 (演算子) を導入して

$$\mathbf{F}(\mathbf{r}) = -\nabla U, \tag{1.83}$$

と書かれることも多い．当然ながら ∇U はベクトルである．また，∇（ナブラ）の代わりに grad（グラディエント）という記号が用いられることもあるが，同じものである．すなわち，

$$\mathbf{F}(\mathbf{r}) = -\mathrm{grad}\, U. \tag{1.84}$$

ここで演習として，式 (1.66) の $U(\mathbf{r})$ から式 (1.63) の $F(\mathbf{r})$ を求めてみてほしい．

さて，∇U はどんなベクトルだろうか．式 (1.68) を書き直すと，

$$\mathbf{F}(\mathbf{r}) \cdot \Delta \mathbf{r} = -\Delta U, \tag{1.85}$$

であるが，ここに $\mathbf{F}(\mathbf{r}) = -\nabla U$ を代入すると，

$$\Delta U = \nabla U \cdot \Delta \mathbf{r} = |\nabla U||\Delta \mathbf{r}|\cos\theta \tag{1.86}$$

となる．ここで，θ は ∇U と $\Delta \mathbf{r}$ との間の角度である．この式は，位置が $\Delta \mathbf{r}$ だけ変化したときポテンシャルエネルギー U がどれだけ変化するか知りたければ，∇U と $\Delta \mathbf{r}$ との内積を計算すればよい，ことを表している．二つのベクトルの内積は，それらが同じ向きをもつ（$\theta = 0$）ときに最大値をもつ．したがって，変位 $\Delta \mathbf{r}$ が ∇U と同じ向きをもつとき ΔU は最大になる．このことから，ベクトル $\nabla U(\mathbf{r})$ は，位置 $\mathbf{r}$ においてポテンシャルエネルギー $U(\mathbf{r})$ がもっとも急速に増加する方向に向きをもつことがわかる（図 1.11 参照）．一方，力は $U(\mathbf{r})$ がもっとも急速に減少する方向に向きをもつことになる．

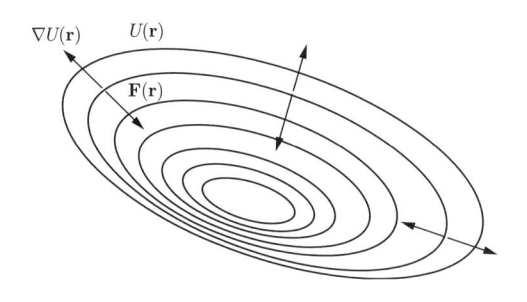

図 1.11　$\mathbf{F} = -\nabla U$

1.2.3 角運動量

 保存量の三つ目は角運動量である．たとえば，太陽のまわりを回る地球の公転運動を考えてみよう．この公転運動は非常に長い期間安定して続いている．このような一定の回転運動を特徴づけることのできる量はないだろうか．地球の運動量ベクトルは時間変化して一定ではない．なぜなら，地球は太陽から万有引力を受けながら運動しているためだ．一方，力学的エネルギーは一定ではあるが，回転運動を表すのに特に便利な量とはいえない．そこで，回転運動における保存量として重要になるのが角運動量である．ここでは，角運動量がどのように定義されるか述べた後，その保存量としての特徴についてふれたい．そのためにまず，ベクトル積についての数学的準備をしよう．

 空間に二つのベクトル $\mathbf{a}$ と $\mathbf{b}$ があり，それらからベクトル $\mathbf{c}$ が次のようにつくられるとき，$\mathbf{c}$ を $\mathbf{a}$ と $\mathbf{b}$ とのベクトル積（外積）とよび，$\mathbf{c} = \mathbf{a} \times \mathbf{b}$ と書く．

$$c_x = a_y b_z - a_z b_y, \tag{1.87}$$

$$c_y = a_z b_x - a_x b_z, \tag{1.88}$$

$$c_z = a_x b_y - a_y b_x. \tag{1.89}$$

ベクトル $\mathbf{c}$ とベクトル $\mathbf{a}$, $\mathbf{b}$ との幾何学的関係を理解するために，(x, y, z) 座標軸を図1.12のようにとってみよう．すなわち，$+x$ 軸方向をベクトル $\mathbf{a}$ の方向に，そして xy 平面とベクトル $\mathbf{b}$ が平行になるように座標軸をとる．すると式 (1.87)～(1.89) は

$$c_x = 0, \tag{1.90}$$

$$c_y = 0, \tag{1.91}$$

$$c_z = a_x b_y. \tag{1.92}$$

となる．したがって，ベクトル $\mathbf{c}$ は z 軸に平行なベクトルであり，b_y が正であれば $+z$ 方向を，b_y が負であれば $-z$ 方向を向くことがわかる．またベクトル $\mathbf{c}$ の大きさは，$|c_z| = a_x |b_y| = |\mathbf{a}||\mathbf{b}| \sin\theta$ と表すことができる．θ はベクトル $\mathbf{a}$ と $\mathbf{b}$ とのなす角度である．

 ここでは，空間に存在する二つのベクトル $\mathbf{a}$, $\mathbf{b}$ に対して特殊な座標軸を設定し，その成分から式 (1.87)～(1.89) を用いてベクトル $\mathbf{c}$ をつくった．しかし大変おもしろいことに，このようにしてつくられたベクトル $\mathbf{c}$ は，式 (1.87)～

(1.89) を計算する座標軸の方向には依存しない．つまり，別の方向を向いた座標軸を用いて計算しても，同じベクトル c が得られるのである．その証明は数学の本にゆずることにしよう．そのことを認めると，ベクトル a と b から式 (1.87)〜(1.89) を用いてつくられるベクトル c は，座標軸の方向には依存せず次のようなベクトルである．すなわち，大きさが $|\mathbf{c}| = |\mathbf{a}||\mathbf{b}|\sin\theta$，方向はベクトル a を b に重ねるように "右ねじ" を 180° 以内で回したときにねじの進む方向をもつ（図 1.12 参照）．("右ねじ" とはふつうのねじのことである．）なお，ベクトル積 $\mathbf{a}\times\mathbf{b}$ の大きさ $|\mathbf{a}||\mathbf{b}|\sin\theta$ は，a と b とを辺とする平行四辺形の面積に等しいことにも注意しておこう．また，ベクトル積に関して以下の関係が成り立つことは簡単に確かめることができる．

$$\mathbf{a}\times\mathbf{b} = -\mathbf{b}\times\mathbf{a}, \tag{1.93}$$

$$\mathbf{a}\times\mathbf{a} = 0. \tag{1.94}$$

以上でベクトル積についての準備を終わり，角運動量の話にもどろう．

運動方程式 (1.7) から始めよう．

$$m\frac{d^2\mathbf{r}(t)}{dt^2} = \mathbf{F}(t), \tag{1.95}$$

を書き直すと，

$$\frac{d\mathbf{p}(t)}{dt} = \mathbf{F}(t), \tag{1.96}$$

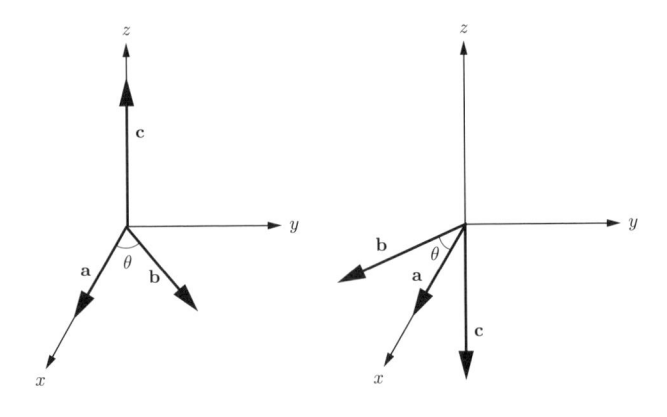

図 1.12 ベクトル積

となる．$\mathbf{p}(t) = m\frac{d\mathbf{r}(t)}{dt}$ は粒子の運動量である．さてここで，両辺について位置ベクトル $\mathbf{r}$ とのベクトル積をとってみる．

$$\mathbf{r} \times \frac{d\mathbf{p}}{dt} = \mathbf{r} \times \mathbf{F}. \tag{1.97}$$

左辺は，

$$\mathbf{r} \times \frac{d\mathbf{p}}{dt} = \frac{d}{dt}(\mathbf{r} \times \mathbf{p}) - \frac{d\mathbf{r}}{dt} \times \mathbf{p} \tag{1.98}$$

$$= \frac{d}{dt}(\mathbf{r} \times \mathbf{p}), \tag{1.99}$$

となる．式 (1.98) は各成分を計算すれば確認できる．また，式 (1.99) を得るには

$$\frac{d\mathbf{r}}{dt} \times \mathbf{p} = \frac{1}{m}\mathbf{p} \times \mathbf{p} \tag{1.100}$$

$$= 0, \tag{1.101}$$

を用いた．その結果，式 (1.97)，(1.99) より次の式が得られる．

$$\frac{d}{dt}(\mathbf{r} \times \mathbf{p}) = \mathbf{r} \times \mathbf{F}. \tag{1.102}$$

左辺の $\mathbf{r} \times \mathbf{p}$ を粒子の角運動量という．また，右辺の $\mathbf{r} \times \mathbf{F}$ は，粒子にはたらくトルクまたは力のモーメントとよばれる．これらはベクトルであることに注意しよう．$\mathbf{L} = \mathbf{r} \times \mathbf{p}$，$\boldsymbol{\tau} = \mathbf{r} \times \mathbf{F}$ とすると，角運動量 $\mathbf{L}$ の時間微分はトルク $\boldsymbol{\tau}$ に等しいという関係，

$$\frac{d}{dt}\mathbf{L} = \boldsymbol{\tau}, \tag{1.103}$$

が得られたことになる．

なお，角運動量の単位としては $[\mathrm{m}^2 \cdot \mathrm{kg/s}]$，トルクには $[\mathrm{N} \cdot \mathrm{m}]$ が用いられる．

このように定義された角運動量は，回転運動に関する保存量だろうか．もう一度，地球の公転運動を例に考えてみよう．まず太陽から地球にはたらくトルクはどうか．力 $\mathbf{F}$ は，式 (1.63) で与えられるように位置ベクトル $\mathbf{r}$ と反対方向を向いている．すなわち $\mathbf{r}$ と $\mathbf{F}$ とのなす角度 θ は 180 度であるから，トルク $\boldsymbol{\tau}$ はゼロである．すなわち，

$$\frac{d}{dt}\mathbf{L} = 0. \tag{1.104}$$

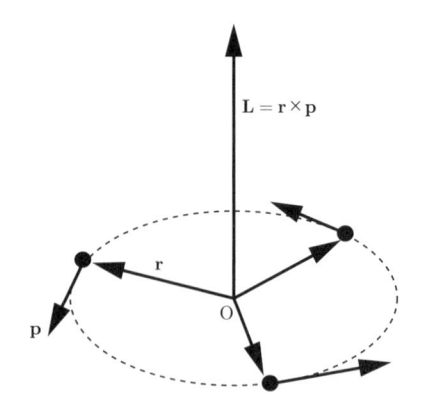

図 1.13 地球の公転運動に関する角運動量

これは同時に
$$\mathbf{L} = 一定, \tag{1.105}$$
を意味する．すなわち地球の角運動量 $\mathbf{L} = \mathbf{r} \times \mathbf{p}$ は時間変化しない．この角運動量 $\mathbf{L}$ はどんなベクトルだろう．それは，図 1.13 のように，ベクトル $\mathbf{r}$ と $\mathbf{p}$ を含む面（この場合は公転面）に対して垂直かつ上向きである．（もし回転方向が逆方向であれば，$\mathbf{p}$ が逆向きになるので，$\mathbf{L}$ も逆向きになる．）そして，$\mathbf{r}$ や $\mathbf{p}$，それらのなす角 θ が時間変化しても，ベクトル $\mathbf{L}$ の大きさや方向は変化しない．このように，角運動量 $\mathbf{L}$ は粒子の回転運動の特徴をうまく表現するとともに時間的に一定となる量（ベクトル）であることがわかる．

1.3 粒子系の運動

1.3.1 質 量 中 心

これまでは，主に一つの粒子の運動について考えてきた．しかし，実際には多数の粒子が互いに相互作用しながら運動する系を解析することになる．そのような場合に，系の運動を，系全体の運動と内部の運動の二つに分離して解析できることを利用すると，見通しを立てやすくなることがある．

粒子が N 個集まった系を考えよう．i 番目の粒子に対する運動方程式は，

$$\mathbf{F}_i = m_i \frac{d^2 \mathbf{r}_i}{dt^2}, \tag{1.106}$$

である.ここで下添え字の i はその量が i 番目の粒子に関するものであることを示す.この運動方程式を,系のすべての粒子について和をとると,

$$\sum_{i=1}^{N} \mathbf{F}_i = \sum_{i=1}^{N} m_i \frac{d^2 \mathbf{r}_i}{dt^2} \tag{1.107}$$

$$= \frac{d^2 \left(\sum_{i=1}^{N} m_i \mathbf{r}_i \right)}{dt^2}, \tag{1.108}$$

$$= M \frac{d^2 \left(\sum_{i=1}^{N} m_i \mathbf{r}_i / M \right)}{dt^2}, \tag{1.109}$$

$$= M \frac{d^2 \mathbf{R}}{dt^2}, \tag{1.110}$$

となる.ここで,$M = \sum_{i=1}^{N} m_i$ は系の全質量である.また,$\mathbf{R} = \sum_{i=1}^{N} m_i \mathbf{r}_i / M$ は系の質量中心(重心)とよばれ,質量で重みづけされた粒子の位置ベクトルの平均とみることができる.$\mathbf{F} = \sum_{i=1}^{N} \mathbf{F}_i$ とすると,$\mathbf{F}$ はこの系に外部からはたらいている力の和と等しいはずである.なぜなら,系の中の粒子間で及ぼし合う力は,そのすべてについて和をとるとゼロになる(作用・反作用の法則より)からである.したがって次の関係が得られる.

$$\mathbf{F} = M \frac{d^2 \mathbf{R}}{dt^2}. \tag{1.111}$$

この関係式は,質量中心 $\mathbf{R}$ にある質量 M の仮想的な粒子の運動方程式と解釈することができる.このとき $\mathbf{F}$ はその仮想的粒子に対して外部からはたらく力と考える.もし $\mathbf{F} = 0$ であるとすると,$\frac{d\mathbf{R}}{dt} = $ 一定 となる.すなわち質量中心は等速度運動することになる.したがって,はじめに質量中心が静止していれば(あるいはそのように $\mathbf{R}$ とともに動く座標系をとれば),粒子間でどのような相互作用があり $\mathbf{r}_i$ が複雑に変化しても,外部から力がはたらかない限り,質量中心は静止しつづける.たとえば,宇宙船がエンジンを噴射して進むときにも,全体の質量中心は静止している(図 1.14).

さて,質量中心の考え方を用いると,粒子系の運動量,運動エネルギー,角運動量という保存量は,それぞれ質量中心に関するものと内部運動に関するも

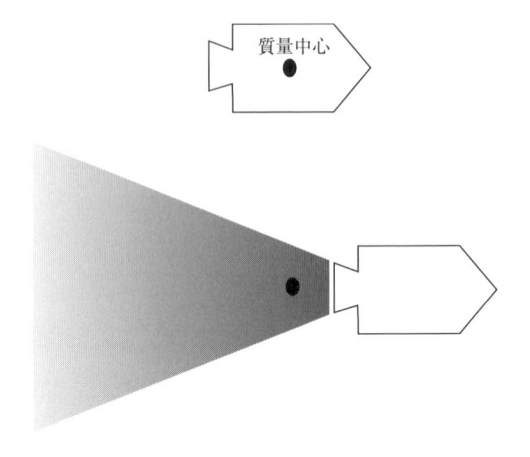

図 1.14 質量中心は動かない

のとの二つに分離して解析すること可能となる．たとえば運動エネルギーについてみてみよう．質量中心から各粒子への位置ベクトルを $\mathbf{r}'_i$ とすると，

$$\mathbf{r}_i = \mathbf{R} + \mathbf{r}'_i, \tag{1.112}$$

と書ける．同様に質量中心からみた各粒子の速度を $\mathbf{v}'_i$ とすると，

$$\mathbf{v}_i = \mathbf{V} + \mathbf{v}'_i, \tag{1.113}$$

となる．ここで，$\mathbf{V}$ は質量中心の速度である．粒子の運動エネルギーの和 K を計算すると，

$$K = \sum_{i=1}^{N} \frac{1}{2} m_i \mathbf{v}_i^2 \tag{1.114}$$

$$= \sum_{i=1}^{N} \frac{1}{2} m_i \mathbf{V}^2 + \sum_{i=1}^{N} m_i \mathbf{V} \cdot \mathbf{v}'_i + \sum_{i=1}^{N} \frac{1}{2} m_i \mathbf{v}'^2_i \tag{1.115}$$

$$= \frac{1}{2} M \mathbf{V}^2 + \mathbf{V} \cdot \sum_{i=1}^{N} m_i \mathbf{v}'_i + \sum_{i=1}^{N} \frac{1}{2} m_i \mathbf{v}'^2_i \tag{1.116}$$

となる．質量中心の定義から $\sum_{i=1}^{N} m_i \mathbf{v}'_i = 0$ であることに注意すると，

$$K = \frac{1}{2} M \mathbf{V}^2 + \sum_{i=1}^{N} \frac{1}{2} m_i \mathbf{v}'^2_i, \tag{1.117}$$

が導かれる．このように，粒子の運動エネルギーの総和 K は，質量中心の位置にある質量 M の仮想的な粒子の運動エネルギーと，質量中心からみた粒子の運動エネルギーの和との足し算で表されることがわかる．

まったく同様のことが，角運動量についても成り立つ．粒子の角運動量の和 $\mathbf{L}$ を計算しよう．

$$\mathbf{L} = \sum_{i=1}^{N} \mathbf{r}_i \times m_i \mathbf{v}_i \tag{1.118}$$

$$= \sum_{i=1}^{N} (\mathbf{R} + \mathbf{r}'_i) \times m_i (\mathbf{V} + \mathbf{v}'_i) \tag{1.119}$$

$$= \sum_{i=1}^{N} (m_i \mathbf{R} \times \mathbf{V} + m_i \mathbf{R} \times \mathbf{v}'_i + m_i \mathbf{r}'_i \times \mathbf{V} + m_i \mathbf{r}'_i \times \mathbf{v}'_i), \tag{1.120}$$

となるが，質量中心の定義から，第 2 項および第 3 項は N 個の粒子について和をとるとゼロであることがわかる．したがって，

$$\mathbf{L} = \mathbf{R} \times M\mathbf{V} + \sum_{i=1}^{N} \mathbf{r}'_i \times m_i \mathbf{v}'_i \tag{1.121}$$

$$= \mathbf{L}_{CM} + \mathbf{L}' \tag{1.122}$$

が得られた．ここで，$\mathbf{L}_{CM} = \mathbf{R} \times M\mathbf{V}$ は質量中心の位置にある質量 M の仮想的な粒子の角運動量，$\mathbf{L}' = \sum_{i=1}^{N} \mathbf{r}'_i \times m_i \mathbf{v}'_i$ は質量中心からみた各粒子の角運動量の和である．

このようにして，粒子系の角運動量 $\mathbf{L}$ は $\mathbf{L}_{CM}$ と $\mathbf{L}'$ との足し算で表されることがわかった．それでは $\mathbf{L}_{CM}$ や $\mathbf{L}'$ の時間変化はどうなるだろうか．各粒子の角運動量 $\mathbf{L}_i$ の時間変化は，式 (1.102) より，

$$\frac{d}{dt} \mathbf{L}_i = \mathbf{r}_i \times \mathbf{F}_i, \tag{1.123}$$

を満たしている．これを N 個の粒子すべてについて和をとると，

$$\frac{d}{dt} \mathbf{L} = \sum_{i=1}^{N} \mathbf{r}_i \times \mathbf{F}_i, \tag{1.124}$$

が得られる．ここで $\mathbf{L} = \mathbf{L}_{CM} + \mathbf{L}'$，および $\mathbf{r}_i = \mathbf{R} + \mathbf{r}'_i$ を代入すると，

$$\frac{d}{dt}(\mathbf{L}_{CM} + \mathbf{L}') = \sum_{i=1}^{N}\{(\mathbf{R} + \mathbf{r}'_i) \times \mathbf{F}_i\}, \tag{1.125}$$

となる．$\mathbf{L}_{CM} = \mathbf{R} \times M\mathbf{V}$ の時間変化については，

$$\frac{d}{dt}\mathbf{L}_{CM} = \left(\frac{d}{dt}\mathbf{R}\right) \times M\mathbf{V} + \mathbf{R} \times M\frac{d}{dt}\mathbf{V}, \tag{1.126}$$

となるが，第 1 項はゼロ ($\mathbf{V} \times \mathbf{V} = 0$) であるから，式 (1.111) を用いて，

$$\frac{d}{dt}\mathbf{L}_{CM} = \mathbf{R} \times \mathbf{F}, \tag{1.127}$$

の関係が得られる．そして $\mathbf{L}'$ の時間変化は，式 (1.125) と (1.127) から

$$\frac{d}{dt}\mathbf{L}' = \sum_{i=1}^{N} \mathbf{r}'_i \times \mathbf{F}_i, \tag{1.128}$$

となる．このように，角運動量 $\mathbf{L}$ の時間変化は，$\mathbf{L}_{CM}$ に関しては式 (1.127)，$\mathbf{L}'$ に関しては式 (1.128) とに分離して解析することができる．

たとえば地球の運動に関する角運動量 $\mathbf{L}$ について，太陽を原点として考えてみよう．すると $\mathbf{L}$ は式 (1.122) のように $\mathbf{L}_{CM}$ と $\mathbf{L}'$ との和で表されるが，$\mathbf{L}_{CM}$ は太陽のまわりを回る公転運動に関する角運動量（その原点は太陽），$\mathbf{L}'$ は自転に関する角運動量（その原点は地球の質量中心）に対応する．そしてそれらの時間変化に関しては，$\mathbf{L}_{CM}$ は式 (1.127)，$\mathbf{L}'$ は式 (1.128) にしたがうため，それらを分離して解析することができるわけである．

1.3.2 こまの歳差運動

本章の最後に，角運動量の時間変化とトルクとの関係（式 (1.103)）によって解析されるおもしろい現象，こまの歳差運動，について考えてみたい．この運動は，研究や医療においてよく用いられる磁気共鳴現象を考える際のモデルとしても重要である．よく知られているように，こまを回すと，こまの回転軸のまわりの回転に加えて，その回転軸自体が鉛直軸のまわりを回転する現象，いわゆる歳差運動を観測できる．図 1.15 のように歳差運動しているこまを考えよう．ここで，こまの支点 O は固定されているとする．さて，こまは鉛直軸から傾いているが，なぜ倒れてしまわずに歳差運動をするのだろうか．角運動量と

1.3 粒子系の運動

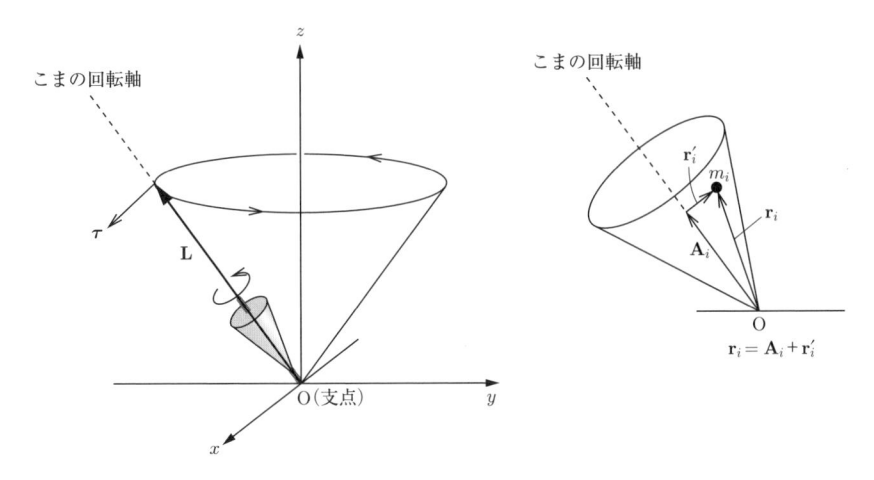

図 1.15 こまの歳差運動

トルクの関係から解析してみよう．

　こまのような変形しない物体は剛体とよばれる．剛体も粒子の集まりからなると考えれば，その運動を粒子系の運動として解析することができる．まず，こまの角運動量ベクトル $\mathbf{L}$ を考えよう．こまを多数の粒子の集まりと考えると，先の粒子系の場合と同様に，

$$\mathbf{L} = \sum_{i=1}^{N} \mathbf{r}_i \times m_i \mathbf{v}_i, \tag{1.129}$$

と表すことができる．ここで，こまの支点 O を原点とした．位置ベクトル $\mathbf{r}_i$ を回転軸に平行なベクトル $\mathbf{A}_i$ と回転軸に垂直なベクトル $\mathbf{r}'_i$ との和で表すと，

$$\mathbf{L} = \sum_{i=1}^{N} (\mathbf{A}_i + \mathbf{r}'_i) \times m_i \mathbf{v}_i, \tag{1.130}$$

$$= \sum_{i=1}^{N} \mathbf{A}_i \times m_i \mathbf{v}_i + \sum_{i=1}^{N} \mathbf{r}'_i \times m_i \mathbf{v}_i \tag{1.131}$$

となる．ここで回転軸に関して対称なこまを考え，さらに，回転軸のまわりの回転速度が歳差運動の回転速度よりも十分速いとすると，第 1 項は第 2 項と比べて十分小さくなる．また，ベクトル積 $\mathbf{r}'_i \times \mathbf{v}_i$ は回転軸に平行な方向を向い

ている.したがって,角運動量ベクトル **L** は回転軸とほぼ平行であることがわかる.たとえば,図 1.15 のように,上から見て回転軸のまわりを反時計回りにこまが回転している場合,角運動量ベクトル **L** は図に示す方向を向いている.回転方向が逆なら **L** の方向も逆になる.

次に,こまに対してはたらくトルク $\boldsymbol{\tau}$ を求めよう.トルクをはたらかせているのは重力である.こまを多数の粒子の集まりと考えると,i 番目の粒子にはたらく重力 $\mathbf{F}_i$ は $-m_i g \mathbf{e}_z$ と表される.ただし,鉛直方向上向きを $+z$ 軸方向とし,その方向の単位ベクトル(長さが 1 のベクトル)を $\mathbf{e}_z$ とした.すると i 番目の粒子に対してはたらくトルク $\boldsymbol{\tau}_i$ は,

$$\boldsymbol{\tau}_i = \mathbf{r}_i \times \mathbf{F}_i \tag{1.132}$$

$$= \mathbf{r}_i \times (-m_i g \mathbf{e}_z) \tag{1.133}$$

と表すことができる.したがって,こまにはたらくトルクの総和 $\boldsymbol{\tau}$ として,

$$\boldsymbol{\tau} = \sum_{i=1}^{N} \boldsymbol{\tau}_i \tag{1.134}$$

$$= -Mg \sum_{i=1}^{N} \frac{m_i \mathbf{r}_i}{M} \times \mathbf{e}_z \tag{1.135}$$

$$= -Mg \mathbf{R} \times \mathbf{e}_z \tag{1.136}$$

$$= \mathbf{R} \times \mathbf{F}, \tag{1.137}$$

が得られる.ここで,M はこまの全質量,**R** は質量中心であり,$\mathbf{F} = -Mg \mathbf{e}_z$ はこまにはたらく重力の総和である.トルク $\boldsymbol{\tau}$ は xy 平面と平行方向であることに注意しよう(図 1.15).角運動量ベクトル **L** の変化する方向は $\boldsymbol{\tau}$ の方向であるため,**L** は重力によって倒れるのではなく,水平面内で方向を変えることになる.これが歳差運動の定性的な説明である.

それでは,歳差運動を定量的に解析してみよう.こまにはたらくトルクは式 (1.137) で与えられるから,

$$\frac{d}{dt}\mathbf{L} = \mathbf{R} \times \mathbf{F}, \tag{1.138}$$

が出発点である.これを成分で書くと,**F** が z 成分しかもたないことから

1.3 粒子系の運動

$$\frac{dL_x}{dt} = R_y F_z \tag{1.139}$$

$$\frac{dL_y}{dt} = -R_x F_z \tag{1.140}$$

$$\frac{dL_z}{dt} = 0, \tag{1.141}$$

となる．まず，最後の式から L_z は時間変化しないことがわかる．次に，**R** と **L** が平行であることから，$\mathbf{R} = \alpha \mathbf{L}$ （α は定数）として式 (1.139)，(1.140) を書き直すと，

$$\frac{dL_x}{dt} = \alpha L_y F_z \tag{1.142}$$

$$\frac{dL_y}{dt} = -\alpha L_x F_z, \tag{1.143}$$

となる．式 (1.142) の L_y を式 (1.143) に代入して整理すると，

$$\frac{d^2 L_x}{dt^2} = -\alpha^2 F_z^2 L_x, \tag{1.144}$$

が得られる．これは，おもしろいことに，ばねにつながれた粒子の運動方程式（式 (1.13)）と同じ形をしていることがわかる．式 (1.19) を参考にして L_x を求めると，

$$L_x(t) = L_x(0) \cos(\omega_p t), \tag{1.145}$$

が導かれる．（ただし，ある初期条件を用いている．どのようなものか？）ここで，$\omega_p = |\alpha F_z|$ は歳差運動に関する角速度の大きさである．式 (1.145) を式 (1.143) に代入すると，

$$L_y(t) = -\frac{\omega_p}{\alpha F_z} L_x(0) \sin(\omega_p t), \tag{1.146}$$

が得られる．これより，もし $\alpha > 0$ であれば，$F_z < 0$ であるので，

$$L_y(t) = L_x(0) \sin(\omega_p t), \tag{1.147}$$

であり，$\alpha < 0$ であれば，

$$L_y(t) = -L_x(0) \sin(\omega_p t), \tag{1.148}$$

であることがわかる．

以上のようにして得られた角運動量 **L** の時間変化についてまとめてみよう．

図 1.15 のように，こまが回転軸のまわりに上から見て反時計回りに回転している（$\alpha > 0$）ときは

$$L_x(t) = L_x(0) \cos(\omega_p t), \tag{1.149}$$

$$L_y(t) = L_x(0) \sin(\omega_p t), \tag{1.150}$$

$$L_z(t) = 一定, \tag{1.151}$$

である．$\mathbf{L}$ は，z 成分を一定に保ったまま，x, y 成分が振動する．これは $\mathbf{L}$ が上から見て反時計回りに回転することに対応している（図 1.16）．この運動は歳差運動とよばれ，その回転の角速度の大きさは $|\omega_p| = |\alpha F_z|$ で与えられる．$|\alpha| = |\mathbf{R}|/|\mathbf{L}|$ であるから，角運動量の大きさ $|\mathbf{L}|$ が大きいほど（こまの回転軸まわりの回転が速いほど）歳差運動は遅くなることがわかる．こまの回転方向が逆であれば，式 (1.150) の代わりに式 (1.148) となり，歳差運動の方向も逆になることもわかる．このように，歳差運動は角運動量やトルクがベクトルであることをはっきりと示してくれる例といえる．

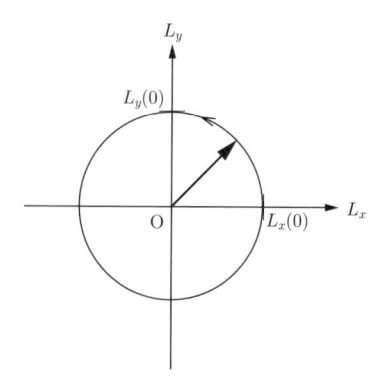

図 1.16 歳差運動と $\mathbf{L}$ の時間変化

光ピンセットと運動量保存則

　冒頭でふれた光ピンセットについて，運動量保存則にもとづいて考えてみよう．光は光子とよばれる粒子の集まりとして考えることができる（第3章を参照）．その光子1個は，光の振動数がνの場合，エネルギー$h\nu$および大きさ$h\nu/c$の運動量をもつ粒子としてふるまう．ここに現れる$h = 6.626 \times 10^{-34}$[Js]はプランク定数，$c = 2.9979 \times 10^{8}$[m/s]は光の速さである．振動数$\nu$の光が，単位時間(1秒)にエネルギー$W$を運んでいるとき，それに寄与する光子の数は$W/h\nu$個である．このとき，$W/h\nu$個の光子のもつ運動量の総和$P$は

$$P = W/h\nu \times h\nu/c \tag{1.152}$$
$$= W/c \tag{1.153}$$

となる．たとえば，1秒間に光の運ぶエネルギーWが1[mJ]のとき，すなわち1[mW]（ミリワット）の光に対して，その光が1秒間に運ぶ運動量は

$$P = 1 \times 10^{-3}[\text{J}]/2.9979 \times 10^{8}[\text{m/s}] \tag{1.154}$$
$$\approx 3 \times 10^{-12}[\text{Ns}] \tag{1.155}$$

となることがわかる．

　さて，運動量はベクトルであることを思い出そう．たとえば，レーザー光を鏡で90°曲げたとしよう．鏡に当たる前の光の運動量を$\mathbf{P}_I$，反射したのちの運動量を$\mathbf{P}_R$とすると，運動量の変化は

$$\Delta \mathbf{P} = \mathbf{P}_R - \mathbf{P}_I \tag{1.156}$$

である．このとき，運動量の保存則から，鏡には$-\Delta \mathbf{P}$の運動量変化が起こらなければならない．運動量の変化は，鏡にはたらいた力$\mathbf{F}$と時間Δtとの積に等しい（式(1.22)を参照）．すなわち

$$-\Delta \mathbf{P} = \mathbf{F}\Delta t \tag{1.157}$$

であるが，時間Δtとして1秒間（単位時間）を考えると，

$$\mathbf{F} = -\Delta \mathbf{P} \tag{1.158}$$

となる．こうして，鏡が 1[mW] のレーザー光から受ける力の大きさを求めると

$$|\mathbf{F}| = \sqrt{2}|\mathbf{P}_I| \tag{1.159}$$
$$= \sqrt{2} \times 3 \times 10^{-12}[\text{N}] \tag{1.160}$$

となり，だいたい $10^{-12}[\text{N}] = 1[\text{pN}]$ 程度の大きさである．ここで，光はなぜ反射するのか，光と鏡がどのように力を及ぼし合うのか，その詳しいメカニズムをまったく知らなくても運動量保存則のみから力の大きさを知ることができることに注目しよう．

光ピンセット（カラー口絵-1）では，顕微鏡のレンズでレーザー光を集光し，それをコントロールしたい微小粒子にあてる．粒子で屈折したレーザー光には，運動量変化 $\Delta \mathbf{P}$ が生じる．運動量保存則から，微小粒子には $-\Delta \mathbf{P}$ の運動量変化が生じるため，力がはたらくことになる．その力の大きさは上と同様にして運動量変化と力積との関係から計算できるが，正確な値を得るための計算は複雑になる．だいたいの大きさとしては，1[mW] の光を用いれば 1[pN] 程度になる．ただしこの方法は，光の波長が物体よりも小さく，幾何光学的近似の成り立つ場合に有効な計算方法である．

2

マクロな世界の法則Ⅱ：電磁気学

　レーザー光は，蛍光イメージングなど生命科学の研究においてもますます重要なものとなってきた．光源として，レーザーを用いる利点は何だろうか．普通の光源からの光とは一体何が違うのだろう．しかし，そもそも光とは何なのか．この古くからの疑問に対する最初の答えは，19世紀の中ごろ，マックスウェルによって完成された電磁気学の中で解明された．第2章では，マクロな世界におけるもう一つの物理法則，電磁気学について概観しよう．

　さて，自然界には4種類の基本的な力（相互作用）が存在している．それは，重力，電磁気力，弱い相互作用そして強い相互作用である．その中で，マクロな領域において重要な力は重力と電磁気力である．残りの二つは，原子核の内部などのミクロな領域で起こる，高いエネルギーをともなう過程において重要となる．一方，第1章でみたように，重力はニュートンの万有引力の法則によって記述される．本章では，もう一つの重要な相互作用，電磁気力について考えよう．この二つの力の大きさを比べてみるとおもしろいことがわかる．電磁気力の方が重力よりも圧倒的に強いのである．たとえば水素原子において，正の電荷をもつ原子核と負の電荷をもつ電子との間にはたらく静電気力と重力とを比較すると，なんと約 10^{39} 倍も静電気力が強いことがわかる．それにもかかわらず，われわれがふつう重力を感じても静電気力を意識しないのは，人の体やまわりの物体において，きわめて正確に正と負の電荷が相殺されているからといえる．もし少しでもそれらのバランスが変化すると，きわめて大きな力を及ぼすことになる．このように，あるマクロな粒子にはたらく力を考えたとき，たとえば生命現象のような重力がそれほど重要でない現象においては，電磁気

力が唯一の力となっている．

2.1 電磁場と荷電粒子の運動

2.1.1 電場と磁場

電荷をもつ粒子間に力がはたらくことはよく知られている．ある粒子1の電荷を Q_1（単位はクーロン [C]），もう一つの粒子2の電荷を Q_2，そして粒子2を原点とした粒子1の位置ベクトルを $\mathbf{r}$ としよう．粒子間で及ぼし合う力の方向は，$\mathbf{r}$ と平行であり，電荷 Q_1 と Q_2 の符号が同じであれば斥力，異なる符号であれば引力となる．力の大きさは電荷の積に比例し，粒子間の距離 $|\mathbf{r}|$（単位はメートル [m]）の2乗に反比例する．これをまとめると，たとえば粒子1に対して粒子2からはたらく力 $\mathbf{F_{12}}$ は，

$$\mathbf{F_{12}} = \frac{1}{4\pi\epsilon_0} \frac{Q_1 Q_2}{|\mathbf{r}|^2} \frac{\mathbf{r}}{|\mathbf{r}|}, \tag{2.1}$$

と表すことができる（図2.1）．この関係はクーロンの法則として知られていて，$\mathbf{F_{12}}(\mathbf{r})$ はクーロン力あるいは静電気力とよばれている．ここで，比例定数に含まれる ϵ_0 は真空の誘電率とよばれる定数で，$\epsilon_0 = 8.854 \times 10^{-12} [\mathrm{C^2 \cdot N^{-1} \cdot m^{-2}}]$ である．比例定数を $\frac{1}{4\pi\epsilon_0}$ のようなすっきりしない形に書くのは歴史的な経緯によっている．また，粒子2に対して粒子1からはたらく力 $\mathbf{F_{21}}$ は，

$$\mathbf{F_{21}} = \frac{1}{4\pi\epsilon_0} \frac{Q_1 Q_2}{|\mathbf{r}|^2} \frac{-\mathbf{r}}{|\mathbf{r}|} \tag{2.2}$$

$$= -\mathbf{F_{12}} \tag{2.3}$$

となり，作用・反作用の関係が成り立つ．

さて，粒子にはたらく力がわかれば，ニュートンの運動方程式を立てることができる．それを解くことができれば粒子の運動を予測できるわけである．こ

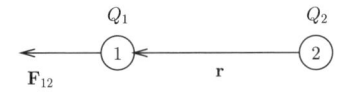

図2.1 二つの荷電粒子

2.1 電磁場と荷電粒子の運動

こで次のような疑問が生じる．たとえば粒子 2 が運動しているとしよう．ある時刻に粒子 1 に対してはたらく力が式 (2.1) で与えられるとすると，その時刻における粒子 1 と粒子 2 との間の距離が力に対して瞬時に反映されることになる．しかし，粒子 2 の運動にともなって距離 $|\mathbf{r}|$ が変化しているとき，粒子 1 からみて，ある時刻における粒子 2 との間の距離は，その瞬間ではなく，有限の時間が経ってからでないとわからないのではないか？ 実際，われわれは瞬間的な相互作用のないことを経験的に知っている．クーロンの法則のように，離れた場所にある粒子どうしが力を直接瞬間的に及ぼし合う相互作用を遠隔作用という．遠隔作用の考えは，すべての粒子が静止していて力が時間変化しない場合には問題ないが，時間変化する場合には上記のような困難を生じる．そこで力に関する現在の考え方は，以下のような「場」を介在した粒子間の相互作用である．

電荷をもつ粒子が存在すると，粒子のまわりの空間に電場がつくられる．この電場はベクトルとして表され，空間の各点に対して一つの電場ベクトルが対応する．ある点における電場 $\mathbf{E}$ とは，もし電荷 q をもつ粒子がその場所に存在すると

$$\mathbf{F} = q\mathbf{E} \tag{2.4}$$

で表される力をその粒子に対して及ぼすような空間自身の性質と理解される．したがって，電場の大きさは単位電荷（1[C]（クーロン））の電荷をもつ粒子にはたらく力と同じであり，単位は [N/C] である．電荷をもつ二つの粒子が静止している場合を考えよう．このとき，クーロンの法則（式 (2.1)）は粒子 1 にはたらく力として正しい結果を与えてくれる．一方，「場」の考え方では次のようになる．まず，粒子 2 のまわりには電場 $\mathbf{E}$ がつくられる．それは位置 $\mathbf{r}$ において，

$$\mathbf{E} = \frac{1}{4\pi\epsilon_0} \frac{Q_2}{|\mathbf{r}|^2} \frac{\mathbf{r}}{|\mathbf{r}|} \tag{2.5}$$

と表される．位置 $\mathbf{r}$ にある粒子 1 はこの電場から

$$\mathbf{F} = Q_1 \mathbf{E} \tag{2.6}$$

の力を受ける．この力は式 (2.1) と同じである．しかしその考え方には大きな違いがあることに注意しよう．場の考え方では，粒子 1 が力を受けるのはその場所の電場 E からであって，粒子 2 から直接受けるのではない．電場は粒子 2 からつくられるが，もし位置 r に粒子 1 がなくても，電場 E（式 (2.5)）は空間のもつ性質としてそこに存在するのである．このようにしてはたらく力は「近接作用」とよばれている．すべての粒子が静止しているという特殊な場合，「遠隔作用」と「近接作用」の考え方は単に解釈の違いとみることもできる．しかし粒子が運動している一般の場合には，電場を導入する考えの方が粒子間の相互作用をより自然に理解することができる．そのため，「場」の考えは電磁気現象全体を理解するうえで強力な武器となったのである．

電場には，単純であるがきわめて重要な性質がある．たとえば電荷をもつ二つの粒子があり，ある位置 r に粒子 1 が電場 $\mathbf{E}_1(\mathbf{r})$ を，粒子 2 が電場 $\mathbf{E}_2(\mathbf{r})$ をつくるとしよう．（なお，位置ベクトル r の原点は適当に設定する．）このとき，位置 r における電場 $\mathbf{E}(\mathbf{r})$ はそれらのベクトルの和

$$\mathbf{E}(\mathbf{r}) = \mathbf{E}_1(\mathbf{r}) + \mathbf{E}_2(\mathbf{r}) \tag{2.7}$$

で与えられる．これは粒子が 3 個以上関与する場合も同じであり，重ね合わせの原理とよばれている．

さて，電場に加えて電磁気現象において重要な役割を果たす「場」は磁場である．磁場は運動する荷電粒子に対して力を及ぼす．そして，磁場を表すベクトルは磁束密度とよばれている．ある点における磁束密度 $\mathbf{B}$ とは，電荷 q をもつ粒子がその場所で速度 $\mathbf{v}$ で運動しているとき，

$$\mathbf{F} = q\mathbf{v} \times \mathbf{B} \tag{2.8}$$

で表される力をその粒子に対して及ぼすような空間の性質と理解される（図 2.2）．（なお，ベクトル $\mathbf{B}$ を磁場とよばず磁束密度とよぶのは，歴史的な経緯によっている．）磁場による力の方向は，電場の場合と違って場の方向と垂直方向であり，さらに粒子の運動方向とも垂直であることに注意しておこう．磁束密度の単位としては，$1[\mathrm{N \cdot s/C \cdot m}] = 1[\mathrm{T}]$（テスラ）や，$1[\mathrm{T}] = 10^4[\mathrm{G}]$（ガウス）などが用いられている．ちなみに，地磁気による磁束速度の大きさは，日本付近では水平成分が約 $0.3[\mathrm{G}]$ 程度である．また磁場に対しても，電場と同様

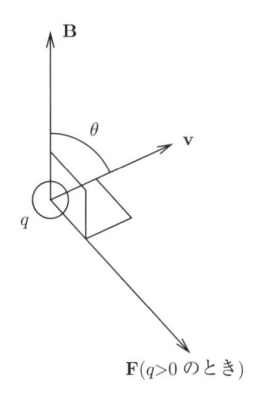

図 2.2 ローレンツ力

に重ね合わせの原理が成り立つ．さらに，ある場所に電場 E と磁束密度 B が同時にあるとき，電荷 q をもつ粒子がその場所で速度 v で運動しているときに受ける力は

$$\mathbf{F} = q(\mathbf{E} + \mathbf{v} \times \mathbf{B}) \tag{2.9}$$

と表すことができる．これはローレンツ力とよばれている．（なお，磁場による力のみでもローレンツ力とよばれる．）

　荷電粒子の運動を解析する場合，まず電場，磁場の情報が必要である．それらが得られれば，ローレンツ力によって荷電粒子に対するニュートンの運動方程式を立てることができるわけである．したがって，次に重要になる問題は「場」がどのようにしてできるのかである．電場は電荷をもつ粒子によってつくられたが，磁場は何によってつくられるのだろう．たとえば，永久磁石のまわりに磁場ができることや，電線に電流を流すとそのまわりに磁場ができることはよく知られている現象である．また「N 極」だけ「S 極」だけの磁石がないことから，正や負の電荷に対応するような「磁荷」は存在しないこともわかっている．そして，さらに一般的状況の中で，磁場や電場がどのように決定されるかについてきれいにまとめられたものがマックスウェル方程式である．この方程式は，それまでの実験的研究によって知られていたさまざまな電磁気現象やファラデーによる「場」の考え方をもとに，イギリスの物理学者マックスウェルが

電場・磁場のしたがう方程式として 1864 年頃に完成させたものである．本書では，基礎方程式としてのマックスウェル方程式を出発点として，重要な電磁気現象がどのように理解されていくかを説明したい．そして本章の中心課題は，そのマックスウェル方程式を理解していただくことにある．

2.1.2 ベクトル場を特徴づける量

空間内の各点 r に対して 1 つのベクトル $\mathbf{E}(\mathbf{r})$ が対応しているとき，$\mathbf{E}(\mathbf{r})$ は座標 $\mathbf{r}=(x,y,z)$ の関数とみることができる．このとき $\mathbf{E}(\mathbf{r})$ とそれを含む空間の領域はベクトル場とよばれる．電場や磁場はベクトル場の例といえる．ベクトル場を特徴づけるうえで面積分と線積分という二つの量が重要になるので，まずこれらに関する数学的準備から始めよう．

図 2.3 のような，空間の中の微小な面（面素）を考えよう．この面素の場所 r における $\mathbf{E}(\mathbf{r})$ と面素の法線ベクトル $\mathbf{n}(\mathbf{r})$ との内積をとり，さらに面素の面積 Δa を掛けたものを $\Delta\Phi(\mathbf{r})$ と書こう．すなわち，

$$\Delta\Phi(\mathbf{r}) = \mathbf{E}(\mathbf{r})\cdot\mathbf{n}(\mathbf{r})\Delta a. \tag{2.10}$$

これは一体何を表すのだろうか．面素内では $\mathbf{E}(\mathbf{r})$ は変化しないと考えることができる．したがって図 2.3 より，この $\Delta\Phi(\mathbf{r})$ は，面素上の各点におけるベクトル $\mathbf{E}(\mathbf{r})$ の集まりからなる仮想的な領域の体積に対応していることがわかる．たとえば，$\mathbf{E}(\mathbf{r})$ が流体の流れの速度を表すベクトルであるとすると，$\Delta\Phi(\mathbf{r})$ は面積 Δa の面素を通って単位時間に流れる流体の体積を表すことになる．面素に垂直な法線ベクトル $\mathbf{n}(\mathbf{r})$ の方向としては上向きと下向きの二つの可能性があるが，$\Delta\Phi(\mathbf{r})$ を計算するにあたってどちらかに決めておく必要がある．もし

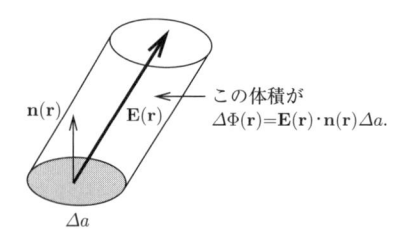

図 2.3　面素とベクトル $\mathbf{E}(\mathbf{r})$

$\mathbf{E}(\mathbf{r})$ が $\mathbf{n}(\mathbf{r})$ と逆方向であれば，$\Delta\Phi(\mathbf{r})$ は負の値となることに注意しておこう（図 2.4）．

次に図 2.5 のような曲面 S を考えよう．曲面 S を N コの面素に分割し，それぞれの面素について $\Delta\Phi(\mathbf{r})$ を計算して，その総和をとった量を考えよう．すなわち，i 番目の面素の位置を $\mathbf{r}_i$，面積を Δa_i として，総和

$$\sum_{i=1}^{N} \mathbf{E}(\mathbf{r}_i) \cdot \mathbf{n}(\mathbf{r}_i) \Delta a_i \tag{2.11}$$

を考え，分割数 N を無限大に近づけていったときの極限値を，$\mathbf{E}$ の曲面 S における面積分という．すなわち，

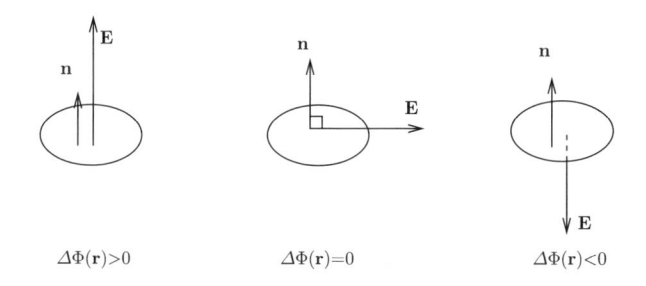

図 2.4　$\mathbf{n}(\mathbf{r})$ と $\mathbf{E}(\mathbf{r})$ の方向と $\Delta\Phi(\mathbf{r})$ の符号

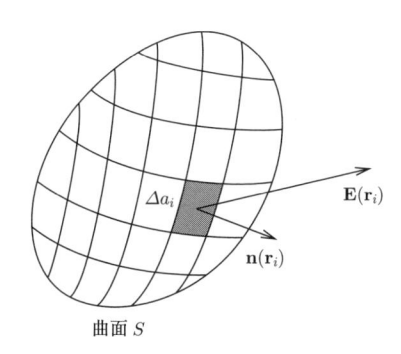

図 2.5　面積分

$$[曲面 S における \mathbf{E} の面積分] = \lim_{N \to \infty} \sum_{i=1}^{N} \mathbf{E}(\mathbf{r}_i) \cdot \mathbf{n}(\mathbf{r}_i) \Delta a_i \quad (2.12)$$

$$= \int_S \mathbf{E}(\mathbf{r}) \cdot \mathbf{n}(\mathbf{r}) da \quad (2.13)$$

と定義される．また，この面積分は曲面 S が閉曲面であっても同様に定義することができる．その場合，法線ベクトルの方向を閉曲面の外向きか内向きかに決めておく．

ここで簡単な例をみておこう．正の電荷 Q をもつ粒子がつくる電場 $\mathbf{E}(\mathbf{r})$（式(2.5)）を考え，粒子を中心とした半径 R の球面 S における $\mathbf{E}(\mathbf{r})$ の面積分を計算する．法線ベクトルは球面から外向きにとることとしよう．すると，球面上のどこでも電場の方向は法線ベクトルと同じ向きであり，その大きさは一定であることから，上の定義にしたがって

$$[球面 S における \mathbf{E} の面積分] = \frac{1}{4\pi\epsilon_0} \frac{Q}{R^2} \cdot 4\pi R^2 \quad (2.14)$$

$$= \frac{Q}{\epsilon_0} \quad (2.15)$$

となり，この面積分は電荷 Q に比例し，球面の半径には依存しないことがわかる．もし粒子の電荷が負であれば電場は内側を向き，面積分は負の値をもつことになる．このようにベクトルの閉曲面における面積分は，それを流体の流れに対応させて考えると，閉曲面から外向きに流れていれば正の値，内向きに流れていれば負の値をもつわけである．（ただし，閉曲面の法線ベクトルを外向きにとる．）

次に，ベクトル場を特徴づける量として面積分とともに重要な線積分という量に移ろう．これは，第 1 章において力のなす仕事（式 (1.48)）としてでてきたものである．ある曲線 C を考えよう（図 2.6）．これを N 個の短い線分に分割し，その i 番目の線分に沿った微小変位ベクトル $\Delta \mathbf{S}_i$ とその場所 $\mathbf{r}_i$ におけるベクトル $\mathbf{E}(\mathbf{r}_i)$ との内積をとる．これを曲線 C をなす N 個の微小変位ベクトルそれぞれについて行い，その総和をとる．そして分割数 N を無限大にしたときの極限値をベクトル $\mathbf{E}$ の曲線 C に沿った線積分とよぶ．すなわち，

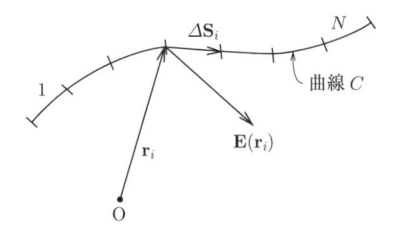

2.1 電磁場と荷電粒子の運動　　　47

図 2.6　$\mathbf{E}(\mathbf{r})$ の線積分

$$[曲線\ C\ に沿った\ \mathbf{E}\ の線積分] = \lim_{N\to\infty}\sum_{i=1}^{N}\mathbf{E}(\mathbf{r}_i)\cdot\Delta S_i \quad (2.16)$$

$$= \int_C \mathbf{E}(\mathbf{r})\cdot d\mathbf{s} \quad (2.17)$$

と定義される．もし曲線 C が図 2.7 のような閉曲線であるとき，C に沿ってベクトル $\mathbf{E}$ を一周だけ線積分したものを

$$\oint_C \mathbf{E}(\mathbf{r})\cdot d\mathbf{s} \quad (2.18)$$

と書く．ここで $\oint_C$ は線積分を C に沿って一周行うことを示す．曲線 C に沿って一周線積分するには $\Delta \mathbf{S}$ の方向として右回りと左回りの二つの方向があるが，どちらかに決めておく必要がある．同じベクトル場でも一周する方向を逆にす

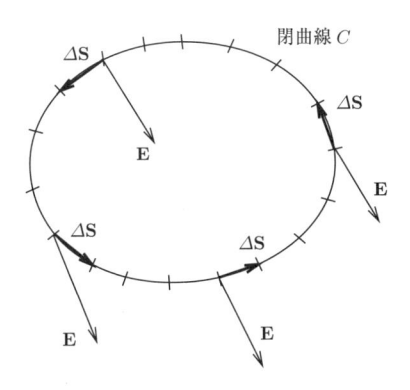

図 2.7　$\mathbf{E}(\mathbf{r})$ の線積分（閉曲線 C に沿った積分）

ると，内積の符号が逆になるため，得られる線積分の符号も変わることに注意しよう．

次の二つの例を考えてみよう（図 2.8）．曲線 C として半径 R の円をとる．まず，ベクトル $\mathbf{E}$ は，円上のどの場所でも円の接線方向を向き，大きさは同じ E_0 であるとしよう．このとき $\mathbf{E}$ の線積分は，式 (2.16) を用いて，

$$[\text{円に沿った } \mathbf{E} \text{ の線積分}] = \lim_{N \to \infty} \sum_{i=1}^{N} E_0 |\Delta s_i| \qquad (2.19)$$
$$= 2\pi R E_0 \qquad (2.20)$$

となることがわかる．では，ベクトル場 $\mathbf{E}$ が，どの場所でも同じ方向と大きさをもつ一様なベクトル $\mathbf{E}_0$ からなるとするとどうだろうか．この場合，式 (2.16) において，$\mathbf{E}_0$ と ΔS_i とのなす角度の平均値が 90°になることから，

$$[\text{円に沿った } E \text{ の線積分}] = 0 \qquad (2.21)$$

となる．この二つの例から，閉曲線に沿ったベクトルの線積分は，ベクトルを流体の流れに対応させて考えると，閉曲線に沿った渦のような循環する流れがあるときに値をもつ量であることがわかる．

ベクトル場を特徴づける面積分と線積分という二つの量に関係して，電磁気現象を理解するうえできわめて有用な数学の定理を二つ述べておきたい．そのために，まずベクトル場の発散，回転という演算を導入しておこう．

ベクトル場 $\mathbf{E} = (E_x, E_y, E_z)$ に対して，

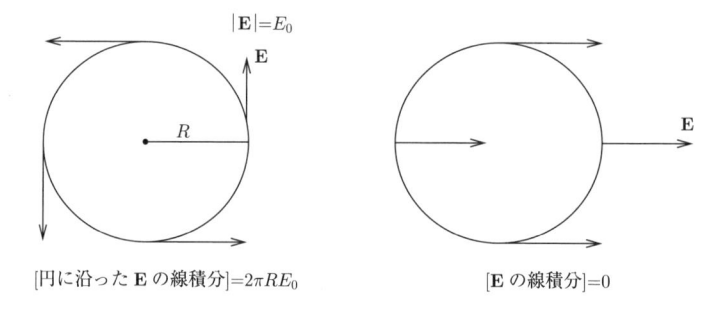

図 2.8 円に沿った線積分

2.1 電磁場と荷電粒子の運動

$$\nabla \cdot \mathbf{E} = \frac{\partial E_x}{\partial x} + \frac{\partial E_y}{\partial y} + \frac{\partial E_z}{\partial z} \tag{2.22}$$

を $\mathbf{E}$ の発散（divergence）という．これは演算子ナブラ $\nabla = (\frac{\partial}{\partial x}, \frac{\partial}{\partial y}, \frac{\partial}{\partial z})$ と $\mathbf{E} = (E_x, E_y, E_z)$ との形式的な内積の形をしている．$\nabla \cdot \mathbf{E}$ の代わりに div$\mathbf{E}$ と書かれることもあるが，同じものである．

次に，ベクトル場 $\mathbf{E} = (E_x, E_y, E_z)$ に対して，

$$\nabla \times \mathbf{E} = \left(\frac{\partial E_z}{\partial y} - \frac{\partial E_y}{\partial z}, \frac{\partial E_x}{\partial z} - \frac{\partial E_z}{\partial x}, \frac{\partial E_y}{\partial x} - \frac{\partial E_x}{\partial y} \right) \tag{2.23}$$

を $\mathbf{E}$ の回転（rotation）という．これは演算子ナブラ $\nabla = (\frac{\partial}{\partial x}, \frac{\partial}{\partial y}, \frac{\partial}{\partial z})$ と $\mathbf{E} = (E_x, E_y, E_z)$ との形式的なベクトル積の形をしている．$\nabla \times \mathbf{E}$ の代わりに rot$\mathbf{E}$ と書かれることもあるが，同じものである．そして，$\nabla \cdot \mathbf{E}$ はベクトル $\mathbf{E}$ からスカラー（数）をつくる演算であるのに対し，$\nabla \times \mathbf{E}$ はベクトルをつくる演算であることに注意しておこう．

さて，ベクトル場 $\mathbf{E}$ の面積分と線積分に関係して，以下の二つの数学的な定理が成り立つことを証明抜きで述べる．まず $\mathbf{E}$ の面積分に関して，閉曲面 S で囲まれた領域を V とすると，

$$\int_S \mathbf{E}(\mathbf{r}) \cdot \mathbf{n}(\mathbf{r}) da = \int_V \nabla \cdot \mathbf{E}(\mathbf{r}) dV \tag{2.24}$$

の関係が成立する．これをガウスの定理（図 2.9）という．法線ベクトル $\mathbf{n}(\mathbf{r})$ は閉曲面 S 上で外向きにとる．なお，右辺に表れる関数の体積積分は次のように定義される．位置 $\mathbf{r}$ の関数 $\phi(\mathbf{r})$ を考える．閉曲面 S に囲まれる体積 V を N 個の微小体積に分割し，その i 番目の体積 ΔV_i と関数 $\phi(\mathbf{r}_i)$ との積をとる．これを N 個の微小体積それぞれについて行い，その総和をとる．そして分割数 N を無限大にしたときの極限値を関数 $\phi(\mathbf{r})$ の体積積分とよぶ．すなわち，

$$[\text{関数} \phi(\mathbf{r}) \text{の体積} V \text{における体積積分}] = \lim_{N \to \infty} \sum_{i=1}^{N} \phi(\mathbf{r}_i) \Delta V_i \tag{2.25}$$

$$= \int_V \phi(\mathbf{r}) dV \tag{2.26}$$

と定義される．式 (2.24) において，$\nabla \cdot \mathbf{E}(\mathbf{r})$ がこの関数 $\phi(\mathbf{r})$ に対応する．

$$\int_S \mathbf{E}(\mathbf{r}) \cdot \mathbf{n}(\mathbf{r}) da = \int_V \nabla \cdot \mathbf{E}(\mathbf{r}) dV$$

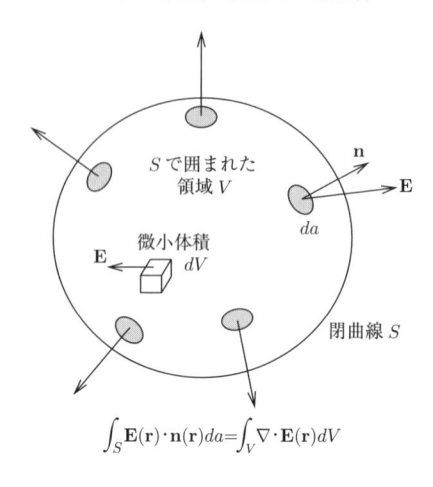

図 2.9　ガウスの定理

もうひとつ，ベクトル場 $\mathbf{E}$ の線積分に関して，閉曲線 C を縁とする曲面を S とすると，

$$\oint_C \mathbf{E}(\mathbf{r}) \cdot d\mathbf{s} = \int_S (\nabla \times \mathbf{E}(\mathbf{r})) \cdot \mathbf{n}(\mathbf{r}) da \qquad (2.27)$$

の関係が成立する．これをストークスの定理（図 2.10）という．ここで，左辺の閉曲線 C に沿った線積分の方向に右ねじを回したときねじが進む方向に，右辺における法線ベクトル $\mathbf{n}(\mathbf{r})$ の向きをとる．

$$\oint_C \mathbf{E}(\mathbf{r}) \cdot d\mathbf{S} = \int_S (\nabla \times \mathbf{E}(\mathbf{r})) \cdot \mathbf{n}(\mathbf{r}) da$$

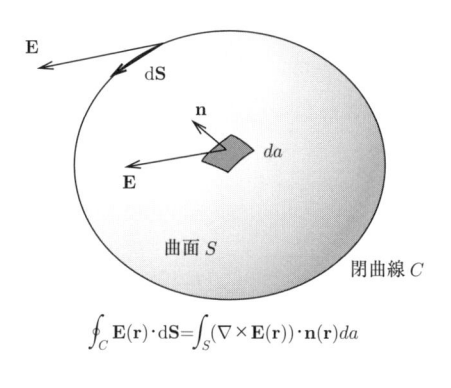

図 2.10　ストークスの定理

ガウスの定理とストークスの定理はどちらもベクトル場に関する数学の定理であり，そこに出てくるベクトル場は何でもよく，電場や磁場においても当然成立する．なお，これらの定理の証明については数学の本を参照していただきたい．

2.2 電磁気現象の基本法則：マックスウェル方程式

ベクトル場を特徴づける量に関する数学的準備が終わったので，マックスウェル方程式の話に入ろう．はじめに，電場 $\mathbf{E}$ と磁束密度 $\mathbf{B}$ に対するマックスウェル方程式をまとめて全部書いておこう．

$$\nabla \cdot \mathbf{E} = \frac{\rho}{\epsilon_0} \tag{2.28}$$

$$\nabla \cdot \mathbf{B} = 0 \tag{2.29}$$

$$\nabla \times \mathbf{E} = -\frac{\partial \mathbf{B}}{\partial t} \tag{2.30}$$

$$c^2 \nabla \times \mathbf{B} = \frac{\mathbf{j}}{\epsilon_0} + \frac{\partial \mathbf{E}}{\partial t} \tag{2.31}$$

ここで，ρ は電荷密度，$\mathbf{j}$ は電流密度であり，c は光速，ϵ_0 は真空の誘電率である．なお ρ, $\mathbf{j}$ については後にふれる．驚くべきことに，マクロな電磁気現象のすべてがこの四つの方程式に含まれているのである．以下では，これらの方程式がどのように電磁気現象を説明するのかを見ていきたい．

最初に，静的な場合について考えてみよう．それは $\mathbf{E}$ や $\mathbf{B}$ の時間変化がゼロである特殊な場合である．このときマックスウェル方程式は，

$$\nabla \cdot \mathbf{E} = \frac{\rho}{\epsilon_0} \tag{2.32}$$

$$\nabla \cdot \mathbf{B} = 0 \tag{2.33}$$

$$\nabla \times \mathbf{E} = 0 \tag{2.34}$$

$$\nabla \times \mathbf{B} = \frac{\mathbf{j}}{\epsilon_0 c^2} \tag{2.35}$$

となる．電場は式 (2.32) と式 (2.34) に現れ，磁場は式 (2.33) と式 (2.35) に現れている．このように，電場と磁場が互いに関連せず，独立であるのが静的な場合の特徴といえる．

2.2.1 ガウスの法則

まず式 (2.32) から始めよう。この式の意味を理解するには，ガウスの定理を用いて書き換えたほうがわかりやすい．もう一度ガウスの定理を書くと，閉曲面 S における電場 $\mathbf{E}$ の面積分に対して，S で囲まれた領域を V として，

$$\int_S \mathbf{E} \cdot \mathbf{n} da = \int_V \nabla \cdot \mathbf{E} dV \tag{2.36}$$

が成り立つ．これはベクトル場に関する数学的な関係であり，物理法則は何も含まれていないことをもう一度確認しておきたい．右辺に式 (2.32) を代入すると，

$$\int_S \mathbf{E} \cdot \mathbf{n} da = \int_V \frac{\rho}{\epsilon_0} dV \tag{2.37}$$

となる．ρ は電荷密度（単位体積あたりの電荷）であるから，

$$\int_V \rho dV \tag{2.38}$$

は体積 V 内にある総電荷 $Q_{総電荷}$ になる．したがって

$$\int_S \mathbf{E} \cdot \mathbf{n} da = \frac{Q_{総電荷}}{\epsilon_0} \tag{2.39}$$

が成り立つ．すなわち，「ある閉曲面における電場ベクトルの面積分は，その内部にある電荷の総和を ϵ_0 で割ったものと等しい」．これは「ガウスの法則」とよばれる．なお，式 (2.32) と式 (2.39) は数学的にみると同じものであり，前者はガウスの法則の微分形，後者は積分形とよばれている．静電場の具体的計算には積分形がよく用いられるが，他の三つの方程式が絡んだ議論には微分形が用いられることが多い．

ガウスの法則を用いて電場を求めてみよう．まず最初にもっとも単純な例を考える．静止した電荷 Q（その大きさは無視できるとする）がつくる電場はクーロンの法則の結果と一致するだろうか．閉曲面 S として粒子を中心とする半径 R の球面を考えると，その球面上では電場の大きさ E は同じで，方向は球面に垂直，電荷 Q が正であれば外向きと考えられる．したがって式 (2.39) より

2.2 電磁気現象の基本法則：マックスウェル方程式

$$\int_S \mathbf{E} \cdot \mathbf{n} da = E \cdot 4\pi R^2 \tag{2.40}$$

$$= \frac{Q}{\epsilon_0} \tag{2.41}$$

となり

$$E = \frac{Q}{4\pi\epsilon_0 R^2} \tag{2.42}$$

が得られる．このように，電場の対称性を仮定できるときには，面積分の計算は非常に簡単になる．そして，式 (2.42) の電場から粒子にはたらく力は，静的な場合には，クーロンの法則の与える力（式 (2.1)）と同じであることがわかる．

次に，電荷が半径 a の球の中に一様に分布しているとき，中心から距離 R の場所における電場の大きさ E を計算しよう．図 2.11 のように，閉曲面 S として半径 R の球面を考えると，その球面上では電場の大きさ E は同じで，その方向は球面に垂直，電荷が正であれば外向きと考えられる．$R > a$ においては，総電荷を Q とすると，

$$\int_S \mathbf{E} \cdot \mathbf{n} da = E \cdot 4\pi R^2 \tag{2.43}$$

$$= \frac{Q}{\epsilon_0} \tag{2.44}$$

より

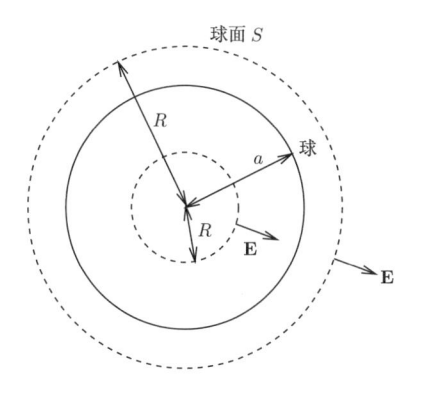

図 2.11 球状の電荷分布と電場

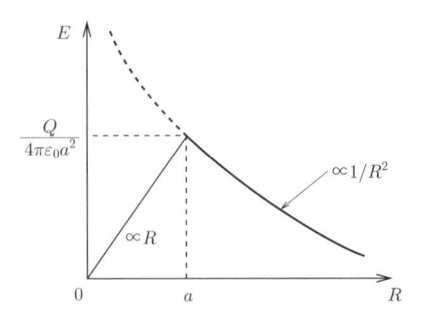

図 2.12 球状の電荷分布による電場

$$E = \frac{Q}{4\pi\epsilon_0 R^2} \tag{2.45}$$

となる．この結果は式 (2.42) と一致し，全電荷 Q が球の中心に集まった場合の電場と同じであることは面白い．また $R \leq a$ においては，閉曲面 S 内の総電荷は $Q\left(R/a\right)^3$ であるため

$$E \cdot 4\pi R^2 = \frac{Q\left(R/a\right)^3}{\epsilon_0} \tag{2.46}$$

より

$$E = \frac{QR}{4\pi\epsilon_0 a^3} \tag{2.47}$$

となる．電場の大きさ E は，中心からの距離 R に対して図 2.12 のように変化することがわかる．もし全電荷 Q が球の表面にのみ一様に分布しているとするとどうなるだろう．この場合も電場の対称性を仮定することができる．$R > a$ では電場は式 (2.45) と同じになるであろう．しかし $R < a$ では，閉曲面 S 内の総電荷がゼロになるため

$$E \cdot 4\pi R^2 = 0 \tag{2.48}$$

となり，$E = 0$ である．

対称性をもつ例をもう一つ見てみよう．図 2.13 のように，電荷が平面（薄く無限に広い平板）に一様に分布しているとき，平面から距離 R の場所における電場の大きさ E を計算しよう．対称性をうまく利用するために，閉曲面 S と

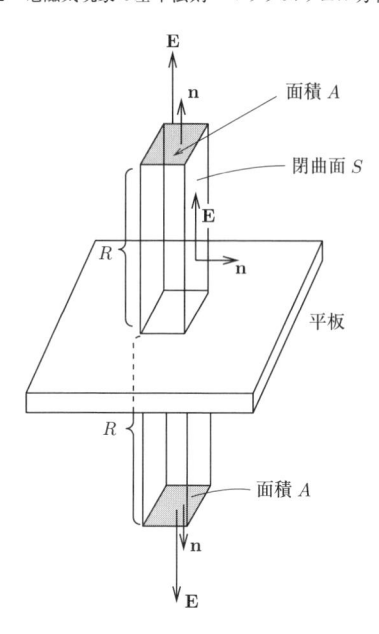

2.2 電磁気現象の基本法則：マックスウェル方程式

図 2.13 平面上の電荷分布と電場

して図に示すような直方体を考える．直方体の六つの面のうち，平面と平行な二つの面上では電場の大きさ E は同じ，方向は面に垂直（法線ベクトルと平行）で電荷が正であれば外向きと考えられる．一方，面と垂直な四つの面上では，法線ベクトルと電場が垂直である．平面の単位面積あたりの電荷を σ とすると，閉曲面 S 内の総電荷は σA であるから，

$$\int_S \mathbf{E} \cdot \mathbf{n} da = E \cdot A \cdot 2 \tag{2.49}$$

$$= \frac{\sigma A}{\epsilon_0} \tag{2.50}$$

より

$$E = \frac{\sigma}{2\epsilon_0} \tag{2.51}$$

が得られる．電場は平面からの距離には依存しないことがわかる．この表式は，コンデンサーを解析する際に利用される．

2.2.2 磁荷は存在しない

電場に関するガウスの法則は

$$\nabla \cdot \mathbf{E} = \frac{\rho}{\epsilon_0} \tag{2.52}$$

と表された. 電荷のないところ, すなわち $\rho = 0$ の場所では

$$\nabla \cdot \mathbf{E} = 0 \tag{2.53}$$

である. 一方, 磁場に関しては式 (2.33)

$$\nabla \cdot \mathbf{B} = 0 \tag{2.54}$$

が常に成立する. これは何を意味するのだろう. この二つの式を比較すると, 電場をつくる電荷に対応するような, 磁場をつくる「磁荷」がどこにも存在しないことを式 (2.54) は表現していると解釈できる. 実際, たとえば N 極だけをもつ棒磁石のような「磁荷」が観測された例はない. では, 磁場は一体何によってつくられるのか, これについては後でふれよう.

2.2.3 電位と静電エネルギー

次に, 静的な場合の式 (2.34)

$$\nabla \times \mathbf{E} = 0 \tag{2.55}$$

について考えよう. この式の意味も, ガウスの法則の場合と同様, ストークスの定理を利用して積分形で見たほうがわかりやすい. すなわち, 閉曲線 C に沿った電場 $\mathbf{E}$ の線積分に対して, C を縁とする曲面を S とすると,

$$\oint_C \mathbf{E}(\mathbf{r}) \cdot d\mathbf{s} = \int_S (\nabla \times \mathbf{E}(\mathbf{r})) \cdot \mathbf{n}(\mathbf{r}) da \tag{2.56}$$

が成立する (ストークスの定理). 式 (2.55) を式 (2.56) の右辺に代入すると,

$$\oint_C \mathbf{E}(\mathbf{r}) \cdot d\mathbf{s} = 0 \tag{2.57}$$

が得られる. これは何を表しているのだろう. 単位電荷 (1[C]) をもつ粒子が, 電場による力 $\mathbf{E}(\mathbf{r})$ を受けながら閉曲線 C に沿って運動したとしよう (図 2.14). 閉曲線上の位置 $\mathbf{r}_1$ から $\mathbf{r}_2$ まで運動する間に, 電場が粒子に対してなす仕事 W は

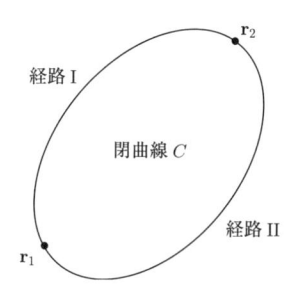

2.2 電磁気現象の基本法則：マックスウェル方程式

図 2.14 閉曲線 C を二つの経路に分ける

$$W = \int_{\mathbf{r}_1}^{\mathbf{r}_2} \mathbf{E}(\mathbf{r}) \cdot d\mathbf{r}, \quad (2.58)$$

で与えられる（式 (1.52) を参照）．したがって式 (2.57) は，閉曲線 C に沿って粒子が一周したときに電場のなす仕事がゼロであることを表している．ここで，図 2.14 のように一周する経路を経路 I と II とに分けると，

$$\oint_C \mathbf{E}(\mathbf{r}) \cdot d\mathbf{s} = \int_{\mathbf{r}_1}^{\mathbf{r}_2} \mathbf{E}(\mathbf{r}) \cdot d\mathbf{r}(\text{経路 I}) + \int_{\mathbf{r}_2}^{\mathbf{r}_1} \mathbf{E}(\mathbf{r}) \cdot d\mathbf{r}(\text{経路 II}) \quad (2.59)$$

となる．さらに

$$\int_{\mathbf{r}_2}^{\mathbf{r}_1} \mathbf{E}(\mathbf{r}) \cdot d\mathbf{r}(\text{経路 II}) = -\int_{\mathbf{r}_1}^{\mathbf{r}_2} \mathbf{E}(\mathbf{r}) \cdot d\mathbf{r}(\text{経路 II}) \quad (2.60)$$

に注意すると，式 (2.57)，(2.59)，(2.60) から

$$\int_{\mathbf{r}_1}^{\mathbf{r}_2} \mathbf{E}(\mathbf{r}) \cdot d\mathbf{r}(\text{経路 I}) = \int_{\mathbf{r}_1}^{\mathbf{r}_2} \mathbf{E}(\mathbf{r}) \cdot d\mathbf{r}(\text{経路 II}) \quad (2.61)$$

が得られる．閉曲線 C のとり方には何も制限はないから任意にとることができる．したがって，これは位置 $\mathbf{r}_1$ から $\mathbf{r}_2$ まで粒子が運動する間に，電場が電荷に対してなす仕事はその経路には依存しないことを意味している．これは静電場の重要な性質である．なぜなら電場がこの保存力としての性質をもつとき，式 (1.57) と同様にして，電荷のポテンシャルエネルギーを定義することが可能となるからである．こうして，ある位置 $\mathbf{r}$ における単位電荷のポテンシャルエネルギー $\phi(\mathbf{r})$ として

$$\phi(\mathbf{r}) = \int_{\mathbf{r}}^{\mathbf{r_P}} \mathbf{E}(\mathbf{r}) \cdot d\mathbf{r}. \tag{2.62}$$

を定義することができる．これは，位置 $\mathbf{r}$ から基準点 $\mathbf{r_P}$ まで移動する間に単位電荷に対して電場のなす仕事である．この $\phi(\mathbf{r})$ は，位置 $\mathbf{r}$ における電位あるいは静電ポテンシャルとよばれる．電位の単位は [V]（ボルト）が用いられる．これは単位電荷あたりのエネルギーの単位 [J/C]（ジュール/クーロン）と同じである．また，異なる位置 $\mathbf{r}_1$ と $\mathbf{r}_2$ における電位の差

$$\Delta\phi = \phi(\mathbf{r}_2) - \phi(\mathbf{r}_1) \tag{2.63}$$

$$= \int_{\mathbf{r}_2}^{\mathbf{r_P}} \mathbf{E}(\mathbf{r}) \cdot d\mathbf{r} - \int_{\mathbf{r}_1}^{\mathbf{r_P}} \mathbf{E}(\mathbf{r}) \cdot d\mathbf{r} \tag{2.64}$$

$$= \int_{\mathbf{r}_2}^{\mathbf{r_P}} \mathbf{E}(\mathbf{r}) \cdot d\mathbf{r} + \int_{\mathbf{r}_P}^{\mathbf{r}_1} \mathbf{E}(\mathbf{r}) \cdot d\mathbf{r} \tag{2.65}$$

$$= \int_{\mathbf{r}_2}^{\mathbf{r}_1} \mathbf{E}(\mathbf{r}) \cdot d\mathbf{r} \tag{2.66}$$

は電位差とよばれる．

このように電位は電場の線積分で定義されるが，逆に，もし電位が先にわかっている場合には，それを微分することにより電場を求めることができる．第 1 章（式 (1.83)）でみたように，力 $\mathbf{F}(\mathbf{r})$ はポテンシャル $U(\mathbf{r})$ から

$$\mathbf{F}(\mathbf{r}) = -\nabla U(\mathbf{r}), \tag{2.67}$$

によって得られた．それと同様に，電場 $\mathbf{E}(\mathbf{r})$ は電位 $\phi(\mathbf{r})$ から

$$\mathbf{E}(\mathbf{r}) = -\nabla \phi(\mathbf{r}) \tag{2.68}$$

$$= -\left(\frac{\partial \phi(\mathbf{r})}{\partial x}, \frac{\partial \phi(\mathbf{r})}{\partial y}, \frac{\partial \phi(\mathbf{r})}{\partial z}\right), \tag{2.69}$$

と計算することができる．

さて，簡単な例について実際に電位を求めてみよう．まず，電荷 Q をもつ 1 個の粒子がつくる電位を計算しよう．この粒子の位置を原点にとると，位置 $\mathbf{r}$ における電位は式 (2.42) を用いることにより

2.2 電磁気現象の基本法則：マックスウェル方程式

$$\phi(\mathbf{r}) = \int_{\mathbf{r}}^{\mathbf{r_P}} \mathbf{E}(\mathbf{r}) \cdot d\mathbf{r} \tag{2.70}$$

$$= \int_{|\mathbf{r}|}^{\infty} \frac{Q}{4\pi\epsilon_0 r^2} dr \tag{2.71}$$

$$= \frac{Q}{4\pi\epsilon_0} \left[\frac{-1}{r} \right]_{|\mathbf{r}|}^{\infty} \tag{2.72}$$

$$= \frac{Q}{4\pi\epsilon_0 |\mathbf{r}|} \tag{2.73}$$

と導かれる．ここで，基準点 $\mathbf{r_P}$ は無限遠方の点とし，積分の経路は任意に設定してよいから，原点と位置 $\mathbf{r}$ を結ぶ直線に沿ったものを考えればよい．式(2.73)は，距離に反比例することでは万有引力のポテンシャルエネルギー（式(1.66)）と同じ形をしている．しかし万有引力の場合，その符号は常にマイナスだが，静電荷の場合は電荷 Q の符号によって変化する．

電荷をもつ粒子が多数ある場合には，重ね合わせの原理を用いて電位を求めることができる．ある位置における電場はそれぞれの電荷のつくる電場の和になる．したがって，電位もそれぞれの電荷による電位の和になる．N 個の荷電粒子を考え，そのうち電荷 Q_i をもつ i 番目の粒子の位置を $\mathbf{r}_i$ とすると，位置 $\mathbf{r}$ における電位は式(2.73)を用いて

$$\phi(\mathbf{r}) = \frac{1}{4\pi\epsilon_0} \sum_{i=1}^{N} \frac{Q_i}{|\mathbf{r} - \mathbf{r}_i|} \tag{2.74}$$

と表すことができる．

特に，1個の正電荷 Q と1個の負電荷 $-Q$ が対になったものを電気双極子という．これら二つの電荷間の距離 d に比べて電荷から十分遠方の点における電位を求めてみよう．図2.15のように，正電荷が位置 $(0,0,d/2)$，負電荷が位置 $(0,0,-d/2)$ にあるとしよう．位置 $\mathbf{r} = (x,y,z)$ における電位 $\phi(\mathbf{r})$ は，式(2.74)から

$$\phi(\mathbf{r}) = \frac{1}{4\pi\epsilon_0} \left\{ \frac{Q}{\sqrt{x^2 + y^2 + (z-d/2)^2}} + \frac{-Q}{\sqrt{x^2 + y^2 + (z+d/2)^2}} \right\} \tag{2.75}$$

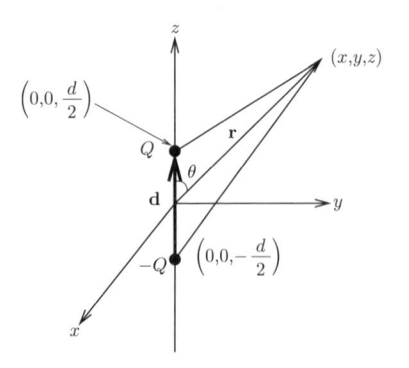

図 2.15 電気双極子

となる．原点から十分遠方という条件 $r = \sqrt{x^2 + y^2 + z^2} \gg d$ を用いると，

$$\frac{1}{\sqrt{x^2 + y^2 + (z - d/2)^2}} = \frac{1}{r\sqrt{1 - \frac{dz}{r^2} + \frac{d^2}{4r^2}}} \quad (2.76)$$

$$\approx \frac{1}{r} \frac{1}{\sqrt{1 - \frac{dz}{r^2}}} \quad (2.77)$$

$$\approx \frac{1}{r}\left(1 + \frac{1}{2}\frac{dz}{r^2}\right) \quad (2.78)$$

となる．ここでテーラー展開の 1 次の項までの近似，$\frac{1}{\sqrt{1-x}} \approx 1 + \frac{1}{2}x$ $(x \ll 1)$，を使い，d について 1 次の項までを残した．その結果，式 (2.75) は

$$\phi(\mathbf{r}) = \frac{1}{4\pi\epsilon_0}\frac{Qdz}{r^3} \quad (2.79)$$

となる．負電荷から正電荷までの変位ベクトル $\mathbf{d}$ と正電荷 Q との積を

$$\mathbf{p} = Q\mathbf{d} \quad (2.80)$$

とすると，$Qdz = \mathbf{p} \cdot \mathbf{r}$ なので，電位は

$$\phi(\mathbf{r}) = \frac{1}{4\pi\epsilon_0}\frac{\mathbf{p} \cdot \mathbf{r}}{r^3} = \frac{1}{4\pi\epsilon_0}\frac{\mathbf{p} \cdot \mathbf{e_r}}{r^2} \quad (2.81)$$

と書くことができる．ここで，$\mathbf{e_r} = \frac{\mathbf{r}}{r}$ は $\mathbf{r}$ 方向の単位ベクトルである．ベクトル $\mathbf{p} = Q\mathbf{d}$ は電気双極子モーメントとよばれる．電気双極子は，静的な場合だけでなく，分子などによる電磁波の吸収や放出を考える際のモデルとしてもよ

く用いられている．

さらに，複雑な電荷分布のつくる電位を電気双極子のつくる電位で近似できる場合がある．N 個の荷電粒子のつくる電位は式 (2.74) で与えられた．ここで，図 2.16 のように，ある i 番目の電荷について，ベクトル $\mathbf{r}$ と $\mathbf{r} - \mathbf{r}_i$ とがなす角を θ とすると，

$$r = |\mathbf{r} - \mathbf{r}_i| \cos\theta + \mathbf{r}_i \cdot \mathbf{e_r} \tag{2.82}$$

であるから

$$|\mathbf{r} - \mathbf{r}_i| = \frac{r}{\cos\theta} - \frac{\mathbf{r}_i \cdot \mathbf{e_r}}{\cos\theta} \tag{2.83}$$

となる．電荷分布よりも十分遠方では $\cos\theta \approx 1$ と近似できるため，

$$\frac{1}{|\mathbf{r} - \mathbf{r}_i|} \approx \frac{1}{r - \mathbf{r}_i \cdot \mathbf{e_r}} \tag{2.84}$$

$$= \frac{1}{r} \frac{1}{1 - \frac{\mathbf{r}_i \cdot \mathbf{e_r}}{r}} \tag{2.85}$$

$$\approx \frac{1}{r} \left(1 + \frac{\mathbf{r}_i \cdot \mathbf{e_r}}{r} \right) \tag{2.86}$$

となる．ここでテーラー展開 $\frac{1}{1-x} \approx 1 + x$ $(x \ll 1)$ を使い，1 次の項までを残した．これを式 (2.74) に代入すると，

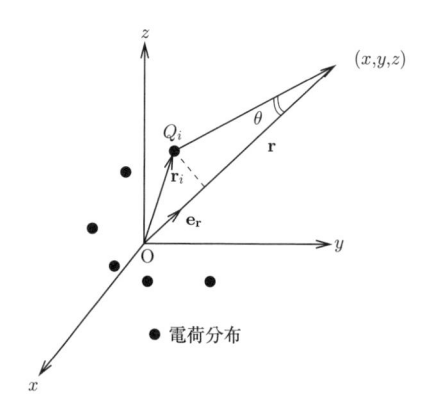

図 2.16 任意の電荷分布による電位

$$\phi(\mathbf{r}) = \frac{1}{4\pi\epsilon_0} \sum_{i=1}^{N} Q_i \left(\frac{1}{r} + \frac{\mathbf{r}_i \cdot \mathbf{e_r}}{r^2} \right) \tag{2.87}$$

$$= \frac{1}{4\pi\epsilon_0} \frac{\sum_{i=1}^{N} Q_i}{r} + \frac{1}{4\pi\epsilon_0} \frac{\sum_{i=1}^{N} Q_i \mathbf{r}_i \cdot \mathbf{e_r}}{r^2} \tag{2.88}$$

が得られる．第1項は全電荷が原点に集まっている場合に対応する．全体が中性，つまり全電荷がゼロで，第1項が消える場合を考えよう．第2項において，

$$\mathbf{p} = \sum_{i=1}^{N} Q_i \mathbf{r}_i \tag{2.89}$$

を電荷分布に対して定義すると，

$$\phi(\mathbf{r}) = \frac{1}{4\pi\epsilon_0} \frac{\mathbf{p} \cdot \mathbf{e_r}}{r^2} \tag{2.90}$$

と表される．この電位は式 (2.81) の電気双極子のものとまったく同じ形をしている．したがって，ここに表れる $\mathbf{p}$ は先の電気双極子モーメントを一般化したものといえる．実際，先の電気双極子に対して式 (2.89) の定義を適用すると式 (2.80) が得られることも容易にわかる．また，式 (2.89) の電気双極子モーメントは，全電荷がゼロの場合には，位置ベクトルの原点のとり方には依存しないことにも注意しよう．

このように，全体として中性の電荷分布を十分遠方からみると，その電位は電気双極子の電位と同じ形をしている．電位は一般化した電気双極子モーメント $\mathbf{p}$ の大きさに比例するとともに，距離の2乗に反比例し，角度とともに変化する．このことは任意の分布に対して成り立つので重要である．もちろん電荷分布によっては電気双極子モーメントがゼロになる場合もある．このときの電位を求めるには，テイラー展開のさらに高次の項を取り入れる必要がある．

さて，荷電粒子の集まった系のエネルギーはどうやって求められるだろうか．それは，それぞれの粒子による静電ポテンシャルを用いて得ることができる．はじめに粒子が2個，位置 $\mathbf{r}_1$ に電荷 Q_1，$\mathbf{r}_2$ に Q_2 がある場合を考えよう．まず電荷 Q_2 が位置 $\mathbf{r}_2$ から無限遠方に移動するとき，電荷 Q_2 に対して電場のする仕事は，電荷 Q_1 のつくる電位を $\phi_1(\mathbf{r})$ とすると $\phi_1(\mathbf{r}_2)$ である．次に，電荷 Q_1 が位置 $\mathbf{r}_1$ から無限遠方に移動するときの仕事はゼロである．なぜなら，無

限遠方にある電荷 Q_2 による電場はゼロとなっているからである．このように，2 個の電荷からなる系の静電エネルギー U として，式 (2.73) を用いることにより，

$$U = \frac{Q_1 Q_2}{4\pi\epsilon_0 |\mathbf{r}_2 - \mathbf{r}_1|} \tag{2.91}$$

が得られた．U の符号は，2 個の電荷が正と負で引力の場合に負，同符号で斥力の場合には正となる．

粒子が多数集まった系の静電エネルギー U は，それぞれの粒子対がもつ静電エネルギーをすべての粒子対について足し算したものである．N 個の荷電粒子を考え，電荷 Q_i をもつ i 番目の粒子の位置を $\mathbf{r}_i$ とすると，

$$U = \frac{1}{4\pi\epsilon_0} \sum_{\text{すべての対}} \frac{Q_i Q_j}{|\mathbf{r}_i - \mathbf{r}_j|} \tag{2.92}$$

と表すことができる．

今度は，電気双極子が静電ポテンシャル $\phi(\mathbf{r})$ 内にあるときのエネルギーを考えよう（図 2.17）．正電荷 Q の位置を $\mathbf{r}_1$，負電荷 $-Q$ の位置を $\mathbf{r}_2$ とすると，この系の静電エネルギー U は

$$U = Q\phi(\mathbf{r}_1) - Q\phi(\mathbf{r}_2) \tag{2.93}$$

となる．ここで，$\Delta \mathbf{r} = \mathbf{r}_1 - \mathbf{r}_2 = (\Delta x, \Delta y, \Delta z)$ の大きさは十分小さいとすると

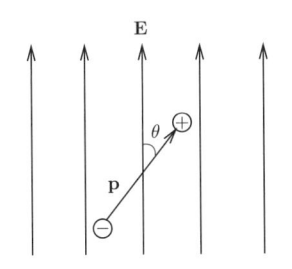

図 2.17　電気双極子のエネルギー

$$U = Q\{\phi(\mathbf{r}_1) - \phi(\mathbf{r}_2)\} \tag{2.94}$$

$$= Q\left\{\frac{\partial \phi(\mathbf{r})}{\partial x}\Delta x + \frac{\partial \phi(\mathbf{r})}{\partial y}\Delta y + \frac{\partial \phi(\mathbf{r})}{\partial z}\Delta z\right\} \tag{2.95}$$

$$= Q\Delta\mathbf{r} \cdot \nabla\phi(\mathbf{r}) \tag{2.96}$$

$$= -\mathbf{p} \cdot \mathbf{E} \tag{2.97}$$

$$= -|\mathbf{p}||\mathbf{E}|\cos\theta \tag{2.98}$$

が導かれる．ここで，$\mathbf{E} = -\nabla\phi(\mathbf{r})$（式 (2.68)）の関係と双極子モーメント $\mathbf{p} = Q\Delta\mathbf{r}$ とを用い，$\mathbf{E}$ と $\mathbf{p}$ との間の角度を θ とした．静電エネルギー U は，$-\cos\theta$ があるため，双極子モーメントが電場と同じ方向を向くときに最低値，逆方向のときに最大値をとることがわかる．このエネルギーの表式は，静的な場合だけでなく，分子などによる電磁波の吸収や放出を考える際にもよく用いられる．

最後の例としてコンデンサーのエネルギーを考えよう．図 2.18 のような十分広く薄い金属の平板が 2 枚平行にならんでいて，電極 1 に正の電荷 Q（電荷密度 σ），電極 2 に負の電荷 $-Q$（電荷密度 $-\sigma$）が蓄えられている．電極間の電場の大きさ E は場所によらず一定で，1 枚の電極のつくる電場（式 (2.51)）の 2 倍になることから

$$E = 2\frac{\sigma}{2\epsilon_0} = \frac{\sigma}{\epsilon_0} \tag{2.99}$$

である．電極 1 と 2 との間の電位差 V は，式 (2.66) から，電極の面積を A，電極間の距離を d として

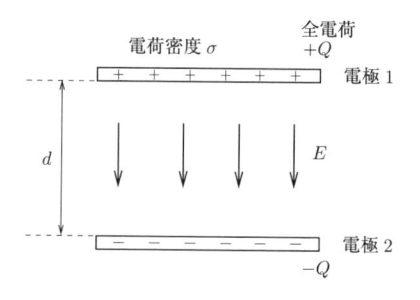

図 2.18　コンデンサー

2.2 電磁気現象の基本法則：マックスウェル方程式

$$V = Ed = \frac{\sigma d}{\epsilon_0} = \frac{d}{\epsilon_0 A} Q \tag{2.100}$$

となる．すると，$C = Q/V$ として定義されるコンデンサーの容量 C として

$$C = \frac{\epsilon_0 A}{d} \tag{2.101}$$

が得られる．容量 C の単位としては，[F]=[V/C]（ファラッド＝ボルト/クーロン）が用いられる．さて，電荷の蓄えられたコンデンサーの静電エネルギーを求めよう．それは電極1の正電荷 Q が電極2に移動し，電極1と2の電荷がそれぞれゼロになるまでに電場のする仕事に対応する．正電荷が q だけ移動したあとの電極1の電荷は $Q-q$，電位差は $(Q-q)/C$ となるから，この電位差のもとで微小電荷 dq が移動するときに電場のなす仕事は $(Q-q)dq/C$ である（図 2.19）．これを q について 0 から Q まで加えればよい．こうして

$$U = \int_0^Q \frac{Q-q}{C} dq = \frac{Q^2}{2C} = \frac{CV^2}{2} \tag{2.102}$$

$$= \frac{1}{2} \frac{\epsilon_0 A}{d} (Ed)^2 = \frac{1}{2} \epsilon_0 A d E^2 \tag{2.103}$$

$$= \frac{1}{2} \epsilon_0 E^2 v_0 \tag{2.104}$$

が導かれる．ここで，電極間の空間の体積を $Ad = v_0$ とした．さて，この静電エネルギーは一体どこにあるのだろう．場を空間の性質として実在するものと考えると，二つの電極間の空間にあるとするのが自然であろう．そうすると，電場 E はその単位体積あたりのエネルギーとして

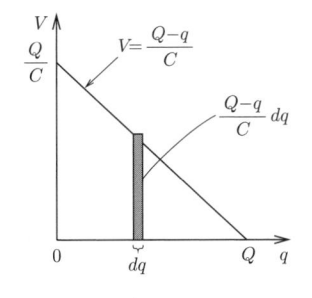

図 **2.19** コンデンサーのエネルギー

$$u = \frac{1}{2}\epsilon_0 E^2 \qquad (2.105)$$

をもつと解釈することができる．この静電場のエネルギーに関する表式 (2.105) はコンデンサーの場合に限らず成立し，さらに，電磁波のように電場が時間変化するときにも適用できることが知られている．

2.2.4 静　　磁　　場

静的な場合のマックスウェル方程式の最後は，式 (2.35)，

$$\nabla \times \mathbf{B} = \frac{\mathbf{j}}{\epsilon_0 c^2} \qquad (2.106)$$

である．この式の意味も，ストークスの定理を利用して積分形で見たほうがわかりやすい．ストークスの定理は，閉曲線 C に沿った磁束密度 $\mathbf{B}$ の線積分に対して，C を縁とする曲面を S とすると，

$$\oint_C \mathbf{B}(\mathbf{r}) \cdot d\mathbf{s} = \int_S (\nabla \times \mathbf{B}(\mathbf{r})) \cdot \mathbf{n}(\mathbf{r}) da \qquad (2.107)$$

が成立するというものであった（式 (2.27)）．これは数学的関係であり，ベクトル $\mathbf{B}$ は何でもよい．ここに物理的関係である式 (2.106) を代入すると，

$$\oint_C \mathbf{B}(\mathbf{r}) \cdot d\mathbf{s} = \frac{1}{\epsilon_0 c^2} \int_S \mathbf{j} \cdot \mathbf{n}(\mathbf{r}) da \qquad (2.108)$$

が得られる．電流密度 $\mathbf{j}$ は，電流の流れる方向を向き，それに垂直な単位面積を単位時間に通過する電気量を大きさとするベクトルである．右辺は曲面 S を通る $\mathbf{j}$ の面積分なので，曲面 S を単位時間あたりに通過する電気量すなわち電流 I を $\epsilon_0 c^2$ で割ったものに等しい．これが左辺，曲線 C に沿った $\mathbf{B}$ の線積分に等しい．この関係はアンペールの法則とよばれる．図 2.20 のように，長い電線に電流 I が流れているとき，曲面 S として電線に垂直な半径 r の円を考え，曲線 C としてその円周をとろう．電流の方向を曲面 S の法線ベクトル $\mathbf{n}$ の方向とすると，曲線 C に沿って矢印の方向に $\mathbf{B}$ の線積分を行ったとき正の値をもつことになる．簡単のため，磁束密度 $\mathbf{B}$ は円周の接線方向を向き大きさはどこでも同じと仮定すると（結果は正しい），式 (2.108) は

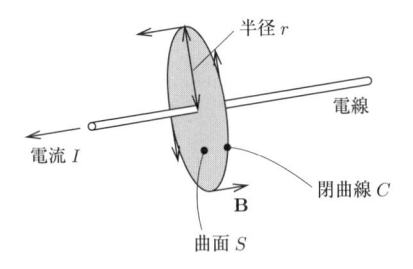

図 2.20 電流のまわりの磁場

$$2\pi r |\mathbf{B}| = \frac{I}{\epsilon_0 c^2} \tag{2.109}$$

となり，

$$|\mathbf{B}| = \frac{I}{2\pi \epsilon_0 c^2 r} \tag{2.110}$$

が得られる．このように，電線に電流が流れると，それに垂直な円周の接線方向に磁場が発生し，その大きさは電流からの距離に反比例することがわかる．もしそこに電流 I の流れる電線がもう一本平行にあるとどうなるだろう．電流は荷電粒子の流れであるから，磁束密度 $\mathbf{B}$ の中を電荷 Q の荷電粒子が速度 $\mathbf{v}$ で運動すると

$$\mathbf{F} = Q\mathbf{v} \times \mathbf{B} \tag{2.111}$$

の力を受ける（図 2.21）．電線の断面積を A，荷電粒子の密度を n とすると，電線の単位長さあたりにはたらく引力は

$$\mathbf{F}_0 = nA\mathbf{F} = nAQ\mathbf{v} \times \mathbf{B} = \mathbf{I} \times \mathbf{B} \tag{2.112}$$

と表すことができる．ここで電流ベクトル $\mathbf{I} = nAQ\mathbf{v}$ は，電流の大きさをもち，電流の方向を向くベクトルである．図 2.21 のように二つの電流の方向が同じだとすると，それらの間には引力が生じ，逆方向だと斥力になることがわかる．この力の大きさとして，式 (2.110)，(2.112) より

$$|\mathbf{F}_0| = \frac{I^2}{2\pi \epsilon_0 c^2 r} \tag{2.113}$$

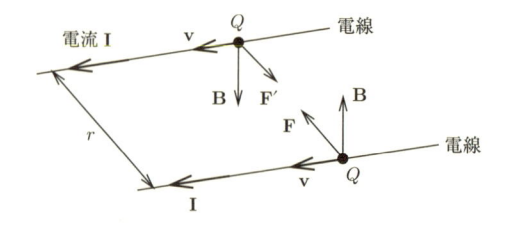

図 2.21　二つの電線を流れる電流と力

を得る．実はこの関係は，MKSA 単位系における電流の単位を定義するために用いられる．間隔が 1[m] の 2 本の長い電線に同じ大きさの電流が流れ，電線 1[m] あたりにはたらく力の大きさが 2×10^{-7} [N] であるとき，この電流の大きさを 1[A]（アンペア）であるという．したがってこの単位系では，定義により

$$\frac{1}{4\pi\epsilon_0 c^2} = 10^{-7}[\mathrm{N/A^2}] \tag{2.114}$$

となる．また，電流の大きさは単位時間あたりに流れる電気量であることから，電流の単位から電気量の単位が決められる．こうして MKSA 単位系においては，電流の大きさが 1[A] であるとき 1[s] あたりに流れる電気量を 1[C]（クーロン）と決めている．

　静磁場の最後に，閉じた回路を流れる電流に対して磁場からはたらく力を求めてみよう．図 2.22 のように，一辺の長さ a の正方形からなる閉じた回路を電流が流れている．回路は一様な z 方向の磁束密度 $\mathbf{B}$ の中にあり，正方形のひとつの辺 $i(i = 1 \sim 4)$ を流れる電流ベクトルを $\mathbf{I}_i$，$\mathbf{B}$ から受ける力を $\mathbf{F}_i$，正方形の中心から辺 i の中心方向を向く単位ベクトルを $\mathbf{e}_i$ としよう．相対する辺の電流は逆方向であることから，$\mathbf{F}_1 = -\mathbf{F}_3$，$\mathbf{F}_2 = -\mathbf{F}_4$ となり，回路にはたらく力の総和はゼロになる．しかし以下のように中心に関するトルクがはたらくことがわかる．辺 i にはたらくトルクを $\boldsymbol{\tau}_i$ としよう．トルクは式 (1.102) の右辺で与えられるので，まず辺 1 については

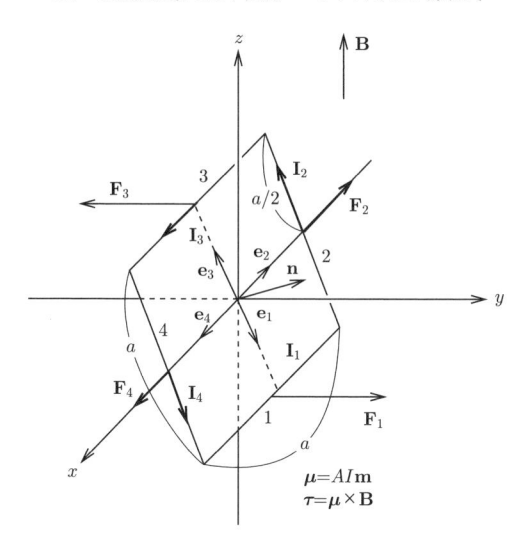

2.2 電磁気現象の基本法則：マックスウェル方程式

図 2.22 磁場中の磁気双極子モーメント

$$\boldsymbol{\tau}_1 = \frac{a}{2}\mathbf{e}_1 \times \mathbf{F}_1 = \frac{a}{2}\mathbf{e}_1 \times (a\mathbf{I}_1 \times \mathbf{B}) \tag{2.115}$$

$$= \frac{a^2}{2}IB\mathbf{e}_1 \times (-\mathbf{e}_x \times \mathbf{e}_z) = \frac{a^2}{2}IB\mathbf{e}_1 \times \mathbf{e}_y \tag{2.116}$$

$$= \frac{a^2}{2}IB\mathbf{n} \times \mathbf{e}_z = \frac{a^2}{2}I\mathbf{n} \times \mathbf{B} \tag{2.117}$$

となる．ここで，$\mathbf{e}_x$ は x 軸方向の単位ベクトル，$\mathbf{n}$ は回路を含む面の法線ベクトルである．同様にして

$$\boldsymbol{\tau}_3 = \frac{a^2}{2}I\mathbf{n} \times \mathbf{B} \tag{2.118}$$

となる．また，$\mathbf{e}_2$ と $\mathbf{F}_2$，$\mathbf{e}_4$ と $\mathbf{F}_4$ はそれぞれ平行であることから，式 (1.94) より，

$$\boldsymbol{\tau}_2 = \frac{a}{2}\mathbf{e}_2 \times \mathbf{F}_2 = 0 \tag{2.119}$$

$$\boldsymbol{\tau}_4 = \frac{a}{2}\mathbf{e}_4 \times \mathbf{F}_4 = 0 \tag{2.120}$$

となる．こうして磁場から回路にはたらくトルクとして

$$\boldsymbol{\tau} = \boldsymbol{\tau}_1 + \boldsymbol{\tau}_3 = a^2 I\mathbf{n} \times \mathbf{B} = SI\mathbf{n} \times \mathbf{B} \tag{2.121}$$

が得られる．ここで，回路の面積を $S = a^2$ とした．この関係は，正方形の回路に限らず平面の回路一般に適用できることが知られている．電流の大きさと回路の面積を掛けた大きさをもち，法線方向の向きをもつベクトル

$$\boldsymbol{\mu} = SI\mathbf{n} \tag{2.122}$$

は磁気双極子モーメントとよばれる．この記号を用いると，磁場から閉じた回路にはたらくトルクは

$$\boldsymbol{\tau} = \boldsymbol{\mu} \times \mathbf{B} \tag{2.123}$$

というきれいな形に表すことができる．これがモーターでトルクが発生する基本的な原理である．

なお，このトルクの表式は，研究や医学の診断などによく用いられる MRI の原理を理解するうえでも基本的なものである．ただし，その場合の磁気双極子モーメントは，原子核のもつ磁石としての性質からくるが，トルクの表式はまったく同じである．

2.2.5 電磁誘導

これまで静的な電気・磁気の現象について考えてきた．このときのマックスウェル方程式は

$$\nabla \cdot \mathbf{E} = \frac{\rho}{\epsilon_0}, \qquad \nabla \times \mathbf{E} = 0 \tag{2.124}$$

$$\nabla \cdot \mathbf{B} = 0, \qquad \nabla \times \mathbf{B} = \frac{\mathbf{j}}{\epsilon_0 c^2} \tag{2.125}$$

であり，電場と磁場に関する式は分離されていた．したがって，電気と磁気の現象はまったく別のものと見ることができた．今度は時間変化を含めた一般的な場合を考えよう．完全な形のマックスウェル方程式をもう一度書いておこう．

$$\nabla \cdot \mathbf{E} = \frac{\rho}{\epsilon_0} \tag{2.126}$$

$$\nabla \cdot \mathbf{B} = 0 \tag{2.127}$$

$$\nabla \times \mathbf{E} = -\frac{\partial \mathbf{B}}{\partial t} \tag{2.128}$$

$$c^2 \nabla \times \mathbf{B} = \frac{\mathbf{j}}{\epsilon_0} + \frac{\partial \mathbf{E}}{\partial t}. \tag{2.129}$$

はじめの2式は静的な場合と同じである．そこで，磁場の時間変化を含む第3式について見てみよう．

$$\nabla \times \mathbf{E} = -\frac{\partial \mathbf{B}}{\partial t} \tag{2.130}$$

式 (2.55) と同様に，この式も積分形で見たほうがその意味はわかりやすい．ストークスの定理から，閉曲線 C に沿った電場 $\mathbf{E}$ の線積分に対して，C を縁とする曲面を S とすると

$$\oint_C \mathbf{E}(\mathbf{r}) \cdot d\mathbf{s} = \int_S (\nabla \times \mathbf{E}(\mathbf{r})) \cdot \mathbf{n}(\mathbf{r}) da \tag{2.131}$$

が成立する．式 (2.130) を式 (2.131) の右辺に代入すると，

$$\oint_C \mathbf{E}(\mathbf{r}) \cdot d\mathbf{s} = -\int_S \frac{\partial \mathbf{B}}{\partial t} \cdot \mathbf{n} da \tag{2.132}$$

$$= -\int_S \frac{\partial}{\partial t} (\mathbf{B} \cdot \mathbf{n}) da \tag{2.133}$$

$$= -\frac{\partial}{\partial t} \int_S \mathbf{B} \cdot \mathbf{n} da \tag{2.134}$$

が得られる．なおここで，$\frac{\partial \mathbf{n}}{\partial t} = 0$ および面積分と時間微分の順序を交換してよいことを使った．左辺は，単位電荷をもつ粒子が電場による力を受けながら閉曲線 C に沿って一周したとき，電場が粒子に対してなす仕事であり，起電力とよばれる．右辺の磁束密度の面積分は磁束とよばれる．静電気の場合起電力はいつもゼロであったが，一般にはゼロではなく，磁束の時間変化の符号を変えたものに等しい．これはファラデーの電磁誘導の法則とよばれている．これが発電機で起電力の発生する基本的な原理である．

図 2.23 のように閉曲線 C に沿って電線があるとしよう．たとえば，磁石を近づけて磁場の大きさが時間とともに増加したとすると，磁束の時間微分は正であるから起電力は負の値をもつことになる．回路に起電力が生じると電流が流れるが，それは回路のどちら向きに流れるだろうか．面積分の正の方向に右ねじを進めるときにねじを回す方向を，対応する線積分の正の方向とする規則を思い出すと，図 2.23 では右回りに電流が流れることがわかる．電流が流れるとそのまわりに磁場ができる．その方向は，図からわかるように，この磁束の

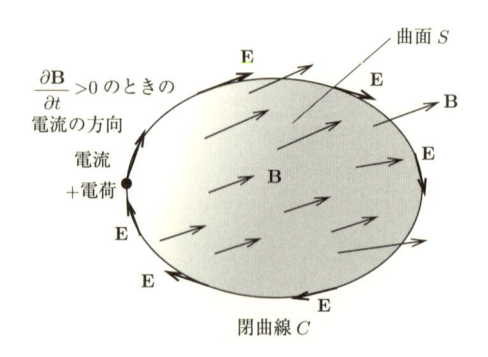

図 2.23 ファラデーの電磁誘導の法則

増加を妨げる方向に向いている．もちろん，式 (2.134) の関係自身は電場と磁束密度との関係であり，そこに電線や電流のあるなしとは無関係に成り立つことに注意しよう．また，起電力がゼロでないときには当然式 (2.61) の関係は成立しない．つまり，電場による力は保存力ではなくなり，電位を定義することはできないことにも注意しておこう．

　静的な場合，電場は電荷によってつくられた．しかし電磁誘導の法則は，電荷がなくても磁場の時間変化によって電場がつくられることを示している．こうして電気と磁気の現象は無関係ではなくなり，多彩な電磁気現象が起こることが理解できる．応用のうえでも，ファラデーの電磁誘導の法則は，発電機，変圧器，電磁調理器などの基本原理となっている．

　さてマックスウェル方程式の第 4 式（式 (2.129)）に移ろう．

$$c^2 \nabla \times \mathbf{B} = \frac{\mathbf{j}}{\epsilon_0} + \frac{\partial \mathbf{E}}{\partial t} \tag{2.135}$$

において，まず電流がない ($\mathbf{j} = 0$) ときを考えよう．すると

$$c^2 \nabla \times \mathbf{B} = \frac{\partial \mathbf{E}}{\partial t} \tag{2.136}$$

が得られる．この関係を式 (2.130) とくらべてみると，$\mathbf{E}$ と $\mathbf{B}$ とを入れ替えれば係数以外は同じ形をしていることがわかる．これは，電磁誘導とは逆に，電場の時間変化によって磁場がつくられることを意味している．実はこの $\frac{\partial \mathbf{E}}{\partial t}$ の項は，実験で観測されるより前に，マックスウェルによって導入されたもので

2.2 電磁気現象の基本法則：マックスウェル方程式

ある．というのも，もしこの項がないと電荷の保存則が成り立たないのである．
式 (2.135) の両辺の発散 ($\nabla\cdot$) をとると

$$c^2 \nabla \cdot (\nabla \times \mathbf{B}) = \nabla \cdot \frac{\mathbf{j}}{\epsilon_0} + \nabla \cdot \frac{\partial \mathbf{E}}{\partial t} \tag{2.137}$$

となる．ここで，任意のベクトル場 $\mathbf{A}$ に対して $\nabla \cdot (\nabla \times \mathbf{A}) = 0$ が成り立つことを使おう．この関係は成分を一つずつ計算すれば簡単に証明できるのでやってみてほしい．すると，時間微分と空間微分の順番を入れ替えてもよいことから

$$\nabla \cdot \frac{\mathbf{j}}{\epsilon_0} = -\frac{\partial}{\partial t} \nabla \cdot \mathbf{E} \tag{2.138}$$

となる．右辺に式 (2.126) を代入すると

$$\nabla \cdot \mathbf{j} = -\frac{\partial}{\partial t} \rho \tag{2.139}$$

が得られる．この関係は電荷の保存則とよばれている．それは，ガウスの定理を用いて積分形に書き換えると理解しやすい．ガウスの定理より，閉曲面 S における $\mathbf{j}$ の面積分に対して，S で囲まれた領域を V として

$$\int_S \mathbf{j} \cdot \mathbf{n} da = \int_V \nabla \cdot \mathbf{j} dV \tag{2.140}$$

が成り立つ．右辺に式 (2.139) を代入すると，

$$\int_S \mathbf{j} \cdot \mathbf{n} da = -\int_V \frac{\partial}{\partial t} \rho dV \tag{2.141}$$

$$= -\frac{\partial}{\partial t} \int_V \rho dV \tag{2.142}$$

となる．すなわち，閉曲面 S を通って外向きに流れる電流はその内部の電荷の時間変化と等しい．右辺の負の符号は，外向きの電流が正のとき（すなわち左辺が正のとき），V 内部の電荷は減少すること（すなわち右辺の時間微分が負となる）に対応している．これは正味の電荷がある場所で勝手に発生したり消えたりすることがないことを意味するため，式 (2.139)，(2.142) は電荷の保存則とよばれている．したがって式 (2.135) の $\frac{\partial \mathbf{E}}{\partial t}$ の項がなければ電荷の保存則は成り立たない．このように，マックスウェル方程式は電荷の保存という実験事実も含んでいるのである．

2.2.6 電磁波

これまで見たように,磁場の時間変化は電場をつくり,電場の時間変化は磁場をつくる.このことから,電場と磁場が互いを誘起しながら波として空間を伝搬する性質をもつことを,マックスウェル方程式によって示すことができる.真空における電場や磁場のふるまいを調べるために電荷や電流のない空間を考え,$\rho = 0$, $\mathbf{j} = 0$ としよう.そのときマックスウェル方程式は

$$\nabla \cdot \mathbf{E} = 0 \tag{2.143}$$

$$\nabla \cdot \mathbf{B} = 0 \tag{2.144}$$

$$\nabla \times \mathbf{E} = -\frac{\partial \mathbf{B}}{\partial t} \tag{2.145}$$

$$c^2 \nabla \times \mathbf{B} = \frac{\partial \mathbf{E}}{\partial t} \tag{2.146}$$

となる.まず電場について考えよう.式 (2.145) の両辺はベクトルだが,その回転 ($\nabla \times$) をとる.

$$\nabla \times (\nabla \times \mathbf{E}) = -\nabla \times \frac{\partial \mathbf{B}}{\partial t}. \tag{2.147}$$

ここで,任意のベクトル場 $\mathbf{A}$ に対して成り立つ次の数学的関係に注目する.

$$\nabla \times (\nabla \times \mathbf{A}) = \nabla (\nabla \cdot \mathbf{A}) - \nabla^2 \mathbf{A}. \tag{2.148}$$

なお,右辺の ∇^2 はラプラシアンという演算子で

$$\nabla^2 \mathbf{A} = \left(\nabla^2 A_x, \nabla^2 A_y, \nabla^2 A_z \right), \tag{2.149}$$

$$\nabla^2 = \frac{\partial^2}{\partial x^2} + \frac{\partial^2}{\partial y^2} + \frac{\partial^2}{\partial z^2} \tag{2.150}$$

である.式 (2.148) の関係は,ベクトルの各成分について一つずつ計算すれば証明できる.すると,式 (2.147) は式 (2.148) と式 (2.143) を用いて

$$\nabla^2 \mathbf{E} = \nabla \times \frac{\partial \mathbf{B}}{\partial t} \tag{2.151}$$

となる.右辺の時間微分 $\frac{\partial}{\partial t}$ と空間微分 $\nabla \times$ は交換できるから

$$\nabla^2 \mathbf{E} = \frac{\partial}{\partial t} (\nabla \times \mathbf{B}) \tag{2.152}$$

となる.右辺に式 (2.146) を代入すると

$$\nabla^2 \mathbf{E} = \frac{\partial}{\partial t}\left(\frac{1}{c^2}\frac{\partial \mathbf{E}}{\partial t}\right) \tag{2.153}$$

より

$$\nabla^2 \mathbf{E} - \frac{1}{c^2}\frac{\partial^2 \mathbf{E}}{\partial t^2} = 0 \tag{2.154}$$

が導かれる．これを電場の各成分で表すと，たとえば x 成分 E_x に対しては

$$\nabla^2 E_x - \frac{1}{c^2}\frac{\partial^2 E_x}{\partial t^2} = 0 \tag{2.155}$$

となり，y, z 成分に関しても同様の関係が成り立つ．一方磁場に注目すると，式 (2.146) の回転 ($\nabla\times$) をとり，電場の場合と同様にして

$$\nabla^2 \mathbf{B} - \frac{1}{c^2}\frac{\partial^2 \mathbf{B}}{\partial t^2} = 0 \tag{2.156}$$

を導くことができる．このように導かれた関係式 (2.154)〜(2.156) は波動方程式とよばれ，電場や磁場が波として空間の中を速さ c で伝わっていく性質をもつことを表している．このような電場や磁場の波は電磁波とよばれている．

波動方程式が波の伝搬を記述することを理解するために，簡単な例を見てみよう．ある量 a（電磁波なら電場，音波なら空気の圧力など）が $+x$ 軸方向に波として伝搬する様子は

$$a(x,y,z,t) = a_0 \cos(kx - \omega t) \tag{2.157}$$

と表すことができる（図 2.24）．ここで，$(kx - \omega t)$ を波の位相とよび，波数 k は（波の進行方向における）単位距離あたりの，また角振動数 ω は単位時間あたりの位相の変化量を示している．式 (2.157) で表される波の位相は，x 軸に

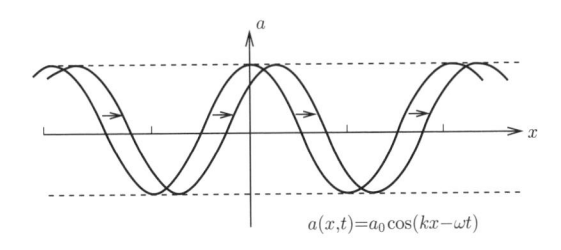

図 2.24　x 方向に進む波

垂直な平面内で一定値をもつことから，この波は平面波とよばれる．時間 t が単位時間だけ進んだとき，波の位相が同じになる場所 x は ω/k だけ進む．これが波の進む速さ v であるから

$$v = \frac{\omega}{k} \tag{2.158}$$

と表すことができる．方程式

$$\nabla^2 a - \frac{1}{c^2}\frac{\partial^2 a}{\partial t^2} = 0 \tag{2.159}$$

に式 (2.157) を代入してみると，もし $c = \frac{\omega}{k}$ であれば式 (2.159) を満足することがわかる．このように，式 (2.159) は速さ c で伝わる波の伝搬を記述する方程式であるとみることができる．

もしこの平面波が $+x$ 軸方向ではなく 3 次元空間中のある方向に進むとすると，波をどう表せばよいだろうか．波の進む方向を向き，波数 k の大きさをもつベクトルを $\mathbf{k}$ と書き，波数ベクトルとよぶ．（波数ベクトル $\mathbf{k}$ は位相の同じ平面に対して垂直である．）これを用いると，位置 $\mathbf{r}$ における波の位相は $(\mathbf{k}\cdot\mathbf{r}-\omega t)$ となる．なぜなら，式 (2.157) の x と同じ役割をするのが $\mathbf{r}$ の $\mathbf{k}$ 方向成分であるからである．そして，波数ベクトル $\mathbf{k}$，角振動数 ω をもつ平面波は

$$a(\mathbf{r},t) = a_0 \cos(\mathbf{k}\cdot\mathbf{r} - \omega t) \tag{2.160}$$

と表すことができる．この波の速さは，同様に考えて，$\frac{\omega}{|\mathbf{k}|}$ であることもわかる．式 (2.160) を式 (2.159) に代入すると，やはり $c = \frac{\omega}{|\mathbf{k}|}$ であれば成立することから，式 (2.159) は速さ c で 3 次元空間を伝わる波の伝搬を記述する方程式であるといえる．

さて，電場の x 成分 E_x が波動方程式（式 (2.155)）を満足することから，E_x は

$$E_x(\mathbf{r},t) = E_{x0} \cos(\mathbf{k}\cdot\mathbf{r} - \omega t) \tag{2.161}$$

のように空間を伝搬する解をもつことがわかる．電場の x, y, z 成分をまとめてベクトル $\mathbf{E}$ で書くと，式 (3.154) は

$$\mathbf{E}(\mathbf{r},t) = \mathbf{E}_0 \cos(\mathbf{k}\cdot\mathbf{r} - \omega t) \tag{2.162}$$

の伝搬する解をもつことになる．そしてその速さ $\frac{\omega}{|\mathbf{k}|}$ は光速 c である．同様に磁場についても式 (2.156) は

$$\mathbf{B}(\mathbf{r}, t) = \mathbf{B}_0 \cos(\mathbf{k} \cdot \mathbf{r} - \omega t) \tag{2.163}$$

の伝搬する解をもつことがわかる．

さらに，電場や磁場の方向と波の伝搬する方向との関係もマックスウェル方程式によって決まってくる．式 (2.143)，

$$\nabla \cdot \mathbf{E} = 0 \tag{2.164}$$

に，式 (2.162) を代入すると

$$\nabla \cdot \mathbf{E} = -\mathbf{k} \cdot \mathbf{E}_0 \sin(\mathbf{k} \cdot \mathbf{r} - \omega t) \tag{2.165}$$
$$= 0 \tag{2.166}$$

となり，$\mathbf{k} \cdot \mathbf{E}_0 = 0$ が導かれる．つまり，波の進行方向に対して電場の方向は垂直方向である．このような波は横波とよばれる．また，電場 $\mathbf{E}(t)$ がたえずある直線と平行に振動するとき，この電磁波を（直線）偏光とよぶ．またその方向を偏光方向という．同様にして式 (2.144)，

$$\nabla \cdot \mathbf{B} = 0 \tag{2.167}$$

に式 (2.163) を代入することにより，$\mathbf{k} \cdot \mathbf{B}_0 = 0$ が導かれる．つまり，磁場も横波として伝搬することがわかる．しかも，これらの電場と磁場の波は互いに無関係ではない．ファラデーの法則，式 (2.145)

$$\nabla \times \mathbf{E} = -\frac{\partial \mathbf{B}}{\partial t} \tag{2.168}$$

に式 (2.162)，(2.163) を代入して x，y，z 成分をそれぞれ計算すると，

$$\mathbf{k} \times \mathbf{E}_0 = \omega \mathbf{B}_0 \tag{2.169}$$

が得られる．これは，$\mathbf{E}_0$，$\mathbf{B}_0$ および $\mathbf{k}$ の方向が互いに垂直で，図 2.25 のようになることを示している．さらに電場と磁場の大きさには

$$\frac{|\mathbf{E}_0|}{|\mathbf{B}_0|} = \frac{\omega}{|\mathbf{k}|} = c \tag{2.170}$$

の関係があることもわかる．

19 世紀中ごろ，光の本性はまだ明らかになっていなかった．マックスウェルは，電場や磁場が横波として空間を伝わることをはじめて理論的に導いた（J. C. Maxwell, 1861 年）．しかも，予測された波の速さが，当時すでに測定されていた光の速さと等しかったことから，光は電場や磁場の横波であることが明らか

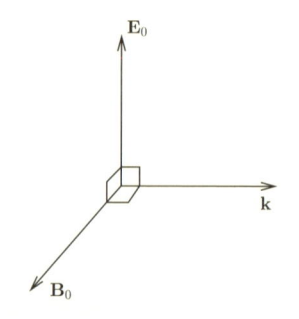

図 2.25 電磁波の進行方向と電場, 磁場の方向

となった. その後ヘルツによって電磁波がつくられ, それが空間の中を実際に伝わることが実験的に示された (H. R. Hertz, 1886 年).

最後に, 電磁波のエネルギーについてふれておこう. 静電場のところでみたように, 電場はエネルギーをもっている. 同様に磁場もエネルギーをもつ. そして粒子と電磁波を合わせた全体のエネルギーは, 力学的エネルギーとこれらの場のエネルギーの和になると期待される. そして, エネルギー保存則とマクスウェル方程式から, 電場 $\mathbf{E}$, 磁束密度 $\mathbf{B}$ のある場所における単位体積あたりのエネルギーは

$$u = \frac{1}{2}\epsilon_0|\mathbf{E}|^2 + \frac{1}{2}\epsilon_0 c^2|\mathbf{B}|^2 \tag{2.171}$$

となることを導くことができる. なおこの表式は場が時間変化するときにも成立する. 電場のエネルギーの項は静的な場合の表式 (2.105) と同じ形をしている. ここではその導出にはふれず, 以下結果だけを使おう. 式 (2.171) を用いて, 平面波のエネルギーを具体的に計算しておこう. 式 (2.171) に式 (2.162), (2.163) を代入し, 式 (2.170) を用いると

$$u = \epsilon_0|\mathbf{E}_0|^2 \cos^2(\mathbf{k}\cdot\mathbf{r} - \omega t) \tag{2.172}$$

を得る. このように, 電磁波のエネルギーは, 時間とともに, また場所とともに振動する. その時間的振動の 1 周期 T に関する u の平均値 $\bar{u}$ を求めると

$$\bar{u} = \frac{1}{T}\int_0^T u\,dt \tag{2.173}$$
$$= \frac{1}{2}\epsilon_0|\mathbf{E}_0|^2 \tag{2.174}$$

を得る．

電磁波の強度は，進行方向に垂直な単位面積を単位時間に通過するエネルギーで与えられる．光の場合，実際に強度を測定すると，検出器が角振動数 2ω の早い変化に追従できないため，時間的に平均した値が得られる．これを光のサイクル平均強度 I とよび，単位体積あたりのエネルギーの平均値 $\bar{u}$ に光速 c をかけたもの，すなわち，$I = c\bar{u} = \frac{1}{2}\epsilon_0 c|\mathbf{E}_0|^2$，と表される．このように，サイクル平均強度 I は $|\mathbf{E}_0|^2$ に比例する．

質量分析とローレンツ力

分子の質量を決定する質量分析法は,生体高分子の解析においても大変重要な役割を果たしている (カラー口絵-2). 質量分析法では,試料分子はまずイオン化される.そして,方法に応じて,分子と電場や磁場を相互作用させ,その運動を解析することによって質量に関する情報を得ることができる.しかし質量分析法では,分子の質量 m の値自身が得られるわけではない.イオン化された分子の電荷を q とすると,その質量と電荷の比 m/q が得られるのである.

イオン化された試料分子に対するニュートンの運動方程式を考えてみよう.

$$m\frac{d^2\mathbf{r}}{dt^2} = \mathbf{F} \tag{2.175}$$

この分子の電荷を q とし,電場 $\mathbf{E}$ と相互作用させるとすると,分子が電場から受ける力 $\mathbf{F}$ は,式 (2.9) より

$$\mathbf{F} = q\mathbf{E} \tag{2.176}$$

であるから,運動方程式をあらためて書くと

$$\frac{m}{q}\frac{d^2\mathbf{r}}{dt^2} = \mathbf{E} \tag{2.177}$$

となる.したがって,分子が電場と相互作用しながら運動するとき,その運動の解析から得られる情報は m/q であり,これだけでは m と q を分離することはできないことがわかる.

イオン化された分子を磁場と相互作用させる場合にはどうなるだろう.分子が速度 $\mathbf{v}$ で運動しているときに磁束速度 $\mathbf{B}$ から受けるローレンツ力 $\mathbf{F}$ は

$$\mathbf{F} = q\mathbf{v} \times \mathbf{B} \tag{2.178}$$

である.(式 (2.9) 参照) したがって,運動方程式は

$$\frac{m}{q}\frac{d^2\mathbf{r}}{dt^2} = \mathbf{v} \times \mathbf{B} \qquad (2.179)$$

となる．このように，磁場と相互作用しながら運動するときも，その運動の解析から直接得られる情報は m/q であることがわかる．なお，質量分析法においては，試料分子の電荷 q は電気素量 $e = 1.602 \times 10^{-19}$[C]（陽子あるいは電子の電荷の大きさ）を単位として，電荷数 $z = q/e$ で表される場合が多い．そのため，質量スペクトルにおいては m/z が用いられている．

レーザー光と波の位相

　レーザーは，生命科学の研究においてもますます重要なものとなってきた．光ピンセットや蛍光イメージングなどへの応用においても，レーザー光の特徴がよくいかされている．そこで，レーザー光の特徴について簡単に紹介しておくことにしよう．

　レーザー光と普通の（たとえば蛍光灯などの）光とのもっとも大きな違いは，位相がそろっているかどうかにある．光の電場 $\mathbf{E}$ は，第 2 章の式 (2.162) に初期位相 δ を含んだ形として

$$\mathbf{E}(\mathbf{r}, t) = \mathbf{E}_0 \cos(\mathbf{k} \cdot \mathbf{r} - \omega t + \delta) \tag{2.180}$$

と書ける．普通の光では，δ が時間 t とともにランダムに変化するため，電場 $\mathbf{E}$ の振動はとぎれとぎれとなってしまう．また，δ は場所 $\mathbf{r}$ によっても変化する．このように δ が時間的・空間的に一定の値をもたないのが普通の光の特徴である．その原因は，光源の中の原子がそれぞれ勝手なタイミングで光を放出するためである．このような光の放出を自然放出という．一方レーザーでは，多数の原子がタイミングをそろえて，位相のそろった光を放出する．そのため，レーザー光は時間的にも空間的にも一定の δ をもった光となる．このような，レーザーにおける光の放出は誘導放出とよばれている．誘導放出は，原子（物質）が入射した光と同じ角振動数 ω，波数ベクトル $\mathbf{k}$，初期位相 δ，および偏光をもつ光を放出する過程であり，それによって得られるレーザー光には次のような特徴がある．(1) 時間的，空間的に初期位相 δ が一定である．(2) 波長幅が狭い，すなわち角振動数 ω の拡がりが狭い．(3) 進行方向がそろっている，すなわち，波数ベクトル $\mathbf{k}$ の拡がりが狭い．(4) 強度が高い，すなわち，$\mathbf{E}_0$ の大きさが大きい．(5) 偏光方向，すなわち，$\mathbf{E}_0$ の方向がそろっている．このような特徴をもつレーザー光の電場は，式 (2.180) で表される電場にきわ

Box　レーザー光と波の位相　　　　　　　　　　　　　　　83

めて近いものとなる．

3

ミクロな世界の法則：量子力学

3.1 光の波動性と粒子性

　陽電子断層撮影法 (Positron Emission Tomography, 略して PET) は，がんの診断法の一つとして知られている（カラー口絵-5）．PET では，高い振動数をもつ電磁波である γ 線が検出に利用されている．そこでは，γ 線が粒子としての性質をもつことが解析において特に重要である．波である電磁波が粒子としての性質をもつとはどういうことだろうか．第 3 章では，まず電磁波の粒子性と波動性の例から始めて，ミクロな世界の物理法則である量子力学について概観しよう．

　第 2 章でみたように，マックスウェルによる電磁気学の発展によって，光は空間を伝わる電場や磁場の波として理解されるようになった．波としての光を特徴づけるものは，波長，振動数，伝わる速さや方向，振動の振幅・方向などである．そして，光によるさまざまな干渉・回折現象も，波の現象として定量的に説明することができる（たとえば本シリーズ第 1 巻）．その際には，"重ね合わせの原理"が重要な役割を果たしている．それは，ある場所で二つの光が重なったとき，その場所における電場（磁場）はそれぞれの光の電場（磁場）の和になるという場の基本的な性質である（式 (2.7)）．

　一方，光を波としてよりも粒子の集まりとして考えたほうが理解しやすい現象も観測される．特に光が物質とエネルギーのやり取りを行う場合には，そのエネルギーに最小単位があることが重要になる．ここでは，光が粒子のようにふるまう代表例として，光電効果とコンプトン効果についてふれておこう．歴

史的には，これらの実験から光を構成する粒子のエネルギーと運動量とが明らかとなった．

3.1.1 光 電 効 果

金属に光をあてると，その表面から電子が飛び出してくる（図 3.1）．この現象は光電効果とよばれている．実験的に観測される特徴は，

(1) 光の振動数が小さいと光の強度を強くしても電子は飛び出ない．

(2) 光の振動数 ν をある値 ν_0 以上にすると，弱い光の強度でも電子は飛び出してくる．振動数をさらに大きくしていくと，飛び出した電子 1 個の最大エネルギー E は

$$E = h\nu - W \tag{3.1}$$

のように増加する．ここで h と W は定数である．

(3) 光の振動数 ν を一定にしたまま強度を強くすると，電子のエネルギー E は変化せず，飛び出す電子の数が増加する．

というものである．これらの結果は，光を波として考えると説明が難しい．しかし，もし次のように考えると理解しやすくなる．すなわち，光が 1 個あたりエネルギー $h\nu$ をもつ粒子の集まりであり，その粒子 1 個から電子 1 個がエネルギーをもらう．定数 W は 1 個の電子が金属から飛び出すために必要な最低エネルギーである．この解釈はアインシュタイン (A. Einstein, 1905 年) によって提案された．エネルギー $h\nu$ をもつ粒子は光子とよばれている．この実験結果から，比例定数 h の値として $h = 6.626 \times 10^{-34}$ [Js] が得られ，それはプランク定数とよばれている．たとえば，波長 $\lambda = 0.5\mu$m の青緑色の光では，1 個の

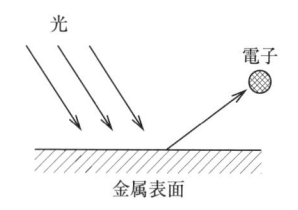

図 3.1 光電効果

光子のエネルギーは $h\nu = hc/\lambda \cong 4 \times 10^{-19}$[J] となる．そして，この光子が1秒間に約 2.5×10^{18} 個やってくると 1[W] の光になる．現在，微弱光の強度測定は「光子計数法」とよばれる光子の数を数える方法で行われているが，その検出器のひとつである光電子増倍管の原理はこの光電効果である．

なお，光電効果に似た身近な現象として，日焼けが知られている．紫外線が皮膚にあたると日焼けが起こる．しかし，強い赤外線があたっても，熱く感じるだろうが日焼けが起こることはない．これは，紫外線の波長が短く光子1個のエネルギーが大きいのに対して，赤外線では小さいことから理解できる．

3.1.2　コンプトン効果

粒子としての光子は振動数 ν で決まるエネルギー $h\nu$ をもつことがわかったが，粒子であれば運動量をもっていることが期待される．もし光子が運動量をもてば，力学の場合と同様に運動量保存則が成立するだろう．さて，気体に振動数 ν のX線を入射すると，気体分子中の電子と相互作用して ν より低い振動数 ν' をもつX線が放出されてくる（図3.2）．この現象はコンプトン効果 (A.H. Compton, 1922年) とよばれている．(X線は可視光よりも振動数の高い電磁波であり，広い意味での光といえる．) 1個の光子と1個の電子の相互作用を考えよう．まずエネルギーに関しては，電子のエネルギー変化を ΔE とすると

$$h\nu = h\nu' + \Delta E \tag{3.2}$$

のように，エネルギー保存則が成立することが実験で示される．一方，運動量保存則は，入射する光子のもつ運動量を $\mathbf{p}$，放出された光子のもつ運動量を $\mathbf{p}'$，

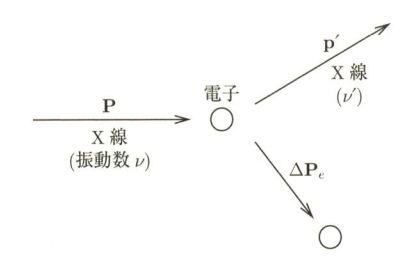

図 3.2　コンプトン効果

電子の運動量変化を $\Delta \mathbf{P}_e$ とすると

$$\mathbf{p} = \mathbf{p}' + \Delta \mathbf{P}_e \tag{3.3}$$

と表すことができる．コンプトン効果において放出される X 線および電子の観測から，光子の運動量の大きさとして

$$|\mathbf{p}| = \frac{h\nu}{c} = \frac{h}{\lambda} \tag{3.4}$$

を用いると，上の運動量保存則を実際に満足することがわかった．なお，本書の範囲を超えるが，式 (3.4) の運動量は，特殊相対性理論から得られる光に関する関係式 $E = cp$ と光子のエネルギー $E = h\nu$ より導くこともできる．

光の運動量を直接利用する一つの例として，第 1 章で述べた光ピンセットがあげられる．その力の大きさを求めるときに，光子の運動量（式 (3.4)）にもとづく計算を行った．また他のおもしろい例として，太陽光によって宇宙空間を航行するソーラーセイル・イカロス（宇宙航空研究開発機構）がある．これも光の運動量を利用している．イカロスの受ける太陽光のエネルギーがわかれば，太陽光から受ける力の大きさを求めることができる．

以上のように，光は波のように空間を伝搬するが，物質とエネルギーのやりとりを行うときには粒子の集まりと考えると理解しやすい．このとき，粒子としての光子は，エネルギー $E = h\nu$，運動量 $\mathbf{p}$（向きは光の進行方向，大きさは $|\mathbf{p}| = \frac{h}{\lambda}$）をもつ．しかし電磁気学によると，光のエネルギーは振幅の 2 乗に比例するから（式 (2.174)），光子の集まりのような不連続なものではなく，連続的な値をもつはずである．一方，粒子の「重ね合わせの原理」はニュートン力学においては成り立たない．これらのことを矛盾なく理解しようとして発展したのが現在の量子力学である．量子力学はどのような考え方をするのだろうか？

3.2 確率振幅の重ね合わせ

まず，古典的な光の干渉実験を考えよう．図 3.3 のように，光源から放出された波長 λ の光がガラス板に入射する．入射した光のほとんどはガラス板を通過するが，一部はガラス板の表面で反射する．この反射光の強度を検出器で測定するとしよう．光の強度としては単位時間あたり検出器に入る光のエネルギー

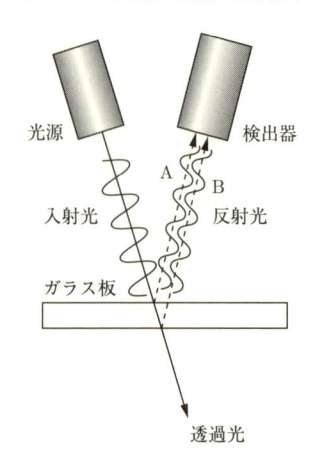

図 3.3 光の干渉

を測定するが,それは光の電場の振幅の 2 乗に比例する (式 (2.174)). 反射光が検出器に入るには,ガラス板の上表面で反射して検出器に入る経路 A と下表面で反射して検出器に入る経路 B の二つがある. 検出器の場所において,経路 A を通って反射してきた光の電場は,たとえばその x 成分について

$$E_A(t) = E_A(0)\cos(\omega t + \phi_A) \tag{3.5}$$

と表すことができる. ここで, $\omega = 2\pi c/\lambda$ は角振動数, ϕ_A は経路 A の長さと光の波長によって決まる定数, $E_A(0)$ は正の定数である. 同様に,経路 B を通って反射してきた光の電場は

$$E_B(t) = E_B(0)\cos(\omega t + \phi_B) \tag{3.6}$$

と表される. ここで ϕ_B は経路 B の長さ,ガラス板,光の波長によって決まる定数であり, $E_B(0)$ は正の定数である. 検出器の場所における電場 $E(t)$ は,重ね合わせの原理によって,

$$E(t) = E_A(t) + E_B(t) \tag{3.7}$$

となる. そして反射光の強度 I は, T_0 を単位時間として

$$\int_0^{T_0} E(t)^2 dt \tag{3.8}$$

3.2 確率振幅の重ね合わせ

に比例する．このことから，反射光の強度が最大になるのは $\phi_A - \phi_B = 2n\pi$ （n は整数）という条件が満たされるときであり，最小になるのは $\phi_A - \phi_B = 2n\pi + \pi$ のときであることがわかる．ガラス板の厚さあるいは光の波長が変化すると $\phi_A - \phi_B$ の値が変わるため，反射率 $R =$ (反射光強度)/(入射光強度) の変化が観測される．これは光の干渉現象の一つであり，シャボン玉に色がついて見える現象と同じである（カラー口絵-4）．

次に光源からの光を非常に弱くして，ある時間内にガラス板に入射する光のエネルギーが光子1個分となるような実験を考えよう．そして透過光側にも検出器を置いておこう．反射光側の検出器が光子を観測するときには，エネルギー $h\nu$ をもつ一つの光子として観測され，$h\nu$ の半分のエネルギーが観測されるようなことは起こらない．反射した1個の光子を観測したときには，ガラス板を透過した光子は観測されない．逆に透過光側の検出器が光子を観測したときは，透過した光子が1個で，反射した光子はない．したがって，入射する光子が1個の実験を1回だけ行うと，その光子は反射するか透過するかのどちらかである．これは光の粒子性を反映しているといえる．さて，この実験で反射率を決めるには，同じ実験を何回も繰り返す必要がある．たとえば N 回繰り返すことにして，N 回のうち N_R 回だけ反射光側の検出器が光子を観測したとしよう．もし回数 N が十分に多ければ，比率 $P_R = N_R/N$ は，先の実験の反射率 R と一致するという結果が得られる．このとき P_R は，1回の実験において入射した光子がガラス板を反射して反射側の検出器で検出される確率であると解釈できる．そして，ガラス板の厚さあるいは光の波長を変化させて実験を行うと，得られる確率 P_R は反射率 R と同じように変化する．これらの実験結果が示すことは，観測されるときには粒子のように数えることのできる光子が，同時に波としての干渉も起こしているということである．

このような光子の不思議なふるまいを記述するために，量子力学は次のような方法を用いる．1個の光子に対して，電場の波のように空間を伝わる波を考えよう（図3.4）．その波 ψ は，電場の波と同じ角振動数 ω をもち，その絶対値の2乗が，光子をその場所で観測する確率となるような複素数で表されるものとしよう．この波 ψ は"確率振幅"とよばれている．光源を出た1個の光子が経路 A を通り，ガラス板の上表面で反射して時刻 t に反射側の検出器で観測

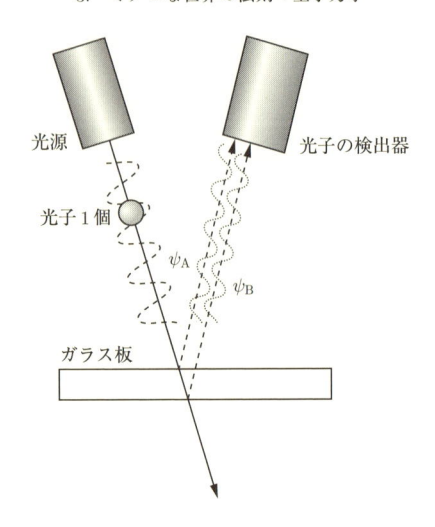

図 3.4 光子 1 個の干渉

される確率振幅 ψ_A は

$$\psi_A = C_A e^{-i(\omega t + \phi_A)} \tag{3.9}$$

という複素数で表される．ここで ϕ_A は経路 A の長さと光の角振動数によって決まる定数であり，C_A は正の定数（実数）である．同様に，光源を出た 1 個の光子が経路 B を通り，ガラス板の下表面で反射して時刻 t に反射側の検出器で観測される確率振幅 ψ_B は

$$\psi_B = C_B e^{-i(\omega t + \phi_B)} \tag{3.10}$$

と表される．ここで ϕ_B は経路 B の長さ，ガラス板，光の角振動数によって決まる定数であり，$C_B(0)$ は正の定数である．そして，この確率振幅の波に対しても重ね合わせの原理を適用する．すなわち，光源を出た 1 個の光子が（経路 A，B のどちらをとるにせよ）時刻 t に反射側の検出器で観測される確率振幅 ψ は

$$\psi = \psi_A + \psi_B \tag{3.11}$$

となる．すると，光源を出た 1 個の光子が時刻 t に反射側の検出器で観測される確率 P_R は

3.2 確率振幅の重ね合わせ

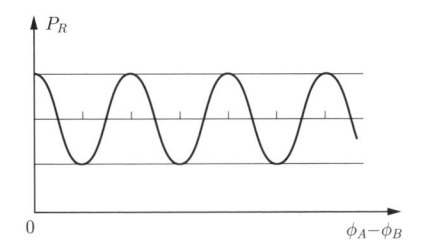

図 3.5 光子 1 個の反射する確率 P_R

$$P_R = |\psi|^2 \tag{3.12}$$
$$= |C_A e^{-i(\omega t + \phi_A)} + C_B e^{-i(\omega t + \phi_B)}|^2 \tag{3.13}$$
$$= C_A^2 + C_B^2 + 2C_A C_B \cos(\phi_A - \phi_B) \tag{3.14}$$

となる（図 3.5）．確率 P_R が最大になるのは $\phi_A - \phi_B = 2n\pi$（n は整数）という条件が満たされるときであり，最小になるのは $\phi_A - \phi_B = 2n\pi + \pi$ のときである．これは先の実験における反射率 R の場合と同じである．このようにして，粒子としての光子に対しても，確率振幅 ψ とそれらの重ね合わせの原理にもとづいて干渉現象を説明することができる．

ところで，反射側の検出器で検出された 1 個の光子は経路 A と経路 B のどちらを通って反射したのだろうか？ そもそも，1 個の光子はどちらか一方の経路だけを通ると言えるのだろうか？ 少なくとも実験結果を説明するには二つの経路の確率振幅に対する重ね合わせの原理を使わなければいけない．どちらか一方の経路だけを通って反射したとすると，重ね合わせの原理を適用することはできない．したがって，古典的な粒子では考えられないことであるが，光子は両方の経路を通って，すなわちガラスの上表面と下表面の両方で反射されて検出器に入ってきたと考えざるをえない．

ある 1 個の光子がガラス板に入射したとき，それは反射するか透過するかのどちらかである．では，その光子が反射するのかあるいは透過するのかはどうやって決まるのだろうか？ 残念ながら量子力学はこの疑問には答えられない．ただ反射する確率や透過する確率が計算できるだけである．ガラス板のミクロな情報や光子との相互作用の詳細がわからない，あるいは複雑すぎて計算でき

ないことが理由ではない．量子力学では確率振幅という量を導入することにより1個の光子の干渉現象を説明できたが，その代わり，1個の光子が反射するかどうかについては，確率以上のことを予測することは本質的にできなくなったのである．

3.3 波のようにふるまう粒子

次に，光子を吸収したり放出する物質に注目しよう．可視光の吸収や放出には，物質中の電子が主に関係しているため，吸収・放出される光を詳しく調べると電子の運動についての情報が得られる．たとえば原子が光を吸収したり放出するとき，光の振動数 ν（あるいは波長 λ）を観測すると，それはとびとびの離散的な値をもっている．図 3.6 にアルゴンの気体に高電圧をかけて放電を起こしたときの発光スペクトルを示す．光子のエネルギー $h\nu = hc/\lambda$ は離散的な値をもつことがわかる．これは光とエネルギーのやり取りをする原子中の電子のとりうるエネルギーが離散的であることを意味している．そして多くの物質において，電子のとりうるエネルギーが離散的であることが観測されている．これは粒子に対してニュートン力学を適用しても説明することができず，基本

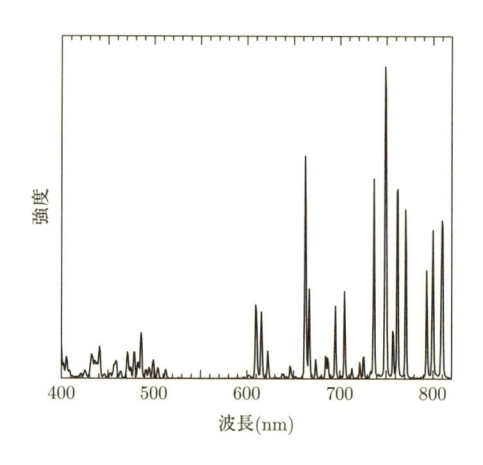

図 3.6 アルゴン気体の発光スペクトル

的考え方の変更が必要である．そして量子力学においては，通常は粒子として扱われる電子が波としての性質も持っていることを基礎として，その運動を記述するのである．先にふれたように，振動数 ν，波長 λ をもつ波としての光を，$E = h\nu$ のエネルギーと大きさ $P = \frac{h}{\lambda}$ の運動量をもつ光子の集まりとして見ることができた．これとは逆に，E の運動エネルギー，大きさ P の運動量をもつ粒子は，$\nu = E/h$ の振動数，$\lambda = h/P$ の波長をもつ波のようにふるまうのではないか，と考えたのはド・ブロイ（L. de Broglie, 1924 年）であった．この予測は，金属薄膜（G.P. Thomson, 1927 年）やニッケル単結晶（C.J. Davisson, L.H. Germer, 1927 年）に電子線を入射したときの回折現象として実際に観測された．本節では，電子の波動性にもとづく現象として，簡単に見ることのできる例を一つ示したい．それは物質中の電子がもつ離散的なエネルギーであり，物質に色がついて見える一つの原因となっている．

　β-カロテン（$C_{40}H_{56}$）という色素分子はニンジンやトマトに含まれ，オレンジ色を呈している．（例としてエタノール中 β-カロテンの吸収スペクトルを図 5.5 に示した．赤や黄色の光は吸収されないが，青や紫色は吸収されることがわかる．）β-カロテン分子がオレンジ色をもつことには，その中にある電子の波動性が密接に関わっている．図 3.7 に示すように，この分子は細長い構造をもっていて，二重結合とよばれる炭素原子間の結合が 21 個つながった 1 次元の鎖があることが特徴といえる．この約 2 [nm] の長さをもつ鎖の内部にある（π 電子とよばれる）電子は，ほとんど他から力を受けずに鎖の端から端まで運動することができる．二重結合に関与する各炭素原子から 1 個ずつの電子がその鎖の中に入り，合計 22 個の π 電子がその中を自由に運動している．ただし，その鎖から外に出ることはできない．このようにミクロな一次元領域に閉じ込め

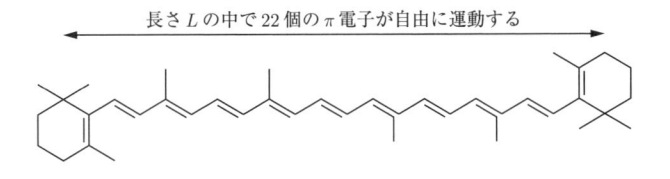

図 3.7　β-カロテン $C_{40}H_{56}$

られた電子は，その波としての性質を発揮する．

まず古典的な弦の振動を考えてみよう（図 3.8）．よく知られているように，両端を固定した弦をはじいて振動させたときに，安定して振動を続けることのできる波の波長 λ には制限がある．弦の振動は波として伝播するが，その波がある領域内（長さ L）に閉じ込められていて，さらに，領域の端では振動することができないとすると，

$$L = \frac{\lambda}{2}n \qquad (n = 1, 2, 3, \cdots) \tag{3.15}$$

という関係を満足する必要があることがわかる．すなわち，安定して振動を続けることのできる波の波長 λ は

$$\lambda = \frac{2L}{n} \qquad (n = 1, 2, 3, \cdots) \tag{3.16}$$

という離散的な値をもつことになる．

さて電子が波としての性質をもつと仮定して，弦の振動と同じことがミクロな 1 次元領域に閉じ込められた電子に対しても成り立つと考えてみよう．さらに，ド・ブロイの考えたように，大きさ P の運動量をもつ粒子が $\lambda = h/P$ の波長をもつ波のようにふるまうとしよう．するとこの電子の運動量の大きさも

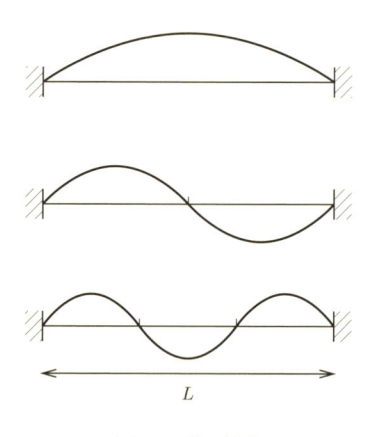

図 3.8 弦の振動

3.3 波のようにふるまう粒子

$$P = \frac{h}{\lambda} \tag{3.17}$$

$$= \frac{h}{2L}n \qquad (n = 1, 2, 3, \cdots) \tag{3.18}$$

という離散的な値をもつことになる．運動量の大きさ P が決まると，電子（質量 m）がもつ運動エネルギー E は，

$$E = \frac{P^2}{2m} \tag{3.19}$$

$$= \frac{h^2}{8mL^2}n^2 \qquad (n = 1, 2, 3, \cdots) \tag{3.20}$$

と表すことができる．なお，ここでは電子がほぼ自由に運動できることから，ポテンシャルエネルギーは考えなくてよい．このように，電子のエネルギー E は離散的な値しかとれなくなり，その間隔は領域の長さ L が小さくなるほど大きいこともわかる．

一つの電子がとりうるエネルギーは得られたが，β-カロテン分子の 22 個の π 電子全体としてはどのようなエネルギーをもつのだろうか．ここで電子の特殊な性質を考慮する必要がある．それは，一つの電子がある状態にあるとき，それと同じ状態をもう一つの電子がとることはできないという性質で，パウリの排他原理とよばれる（W. Pauli, 1925 年）．この性質をもつ粒子はフェルミ粒子とよばれ，電子以外に陽子や中性子などもフェルミ粒子である．反対に何個でも同じ状態をとることができる粒子もある．それはボーズ粒子とよばれるが，代表的なものは光子である．ここでは，この性質を仮定として認めていただくことにしよう．さらにもう一つ取り入れないといけないことがある．それは，電子が自転に対応する（スピンとよばれる）角運動量をもち，そのある方向への成分は上向き $(+\hbar/2)$ か下向き $(-\hbar/2)$ のどちらかしかもたない，という不思議な性質である．これもここでは仮定として認めておくことにしよう．すると，たとえば $n = 1$ のエネルギーをもつ π 電子は 2 個だけ存在することになる．2 個というのは，スピン成分の上向きをもつ電子が 1 個，下向きが 1 個である．エネルギーの低い状態から順番に電子が入っていくため，$n = 1$ から $n = 11$ までのエネルギーに対応する状態を 22 個の電子が占めることとなる．これが β-カロテン分子の 1 次元の鎖の中に閉じ込められた 22 個の π 電子の状

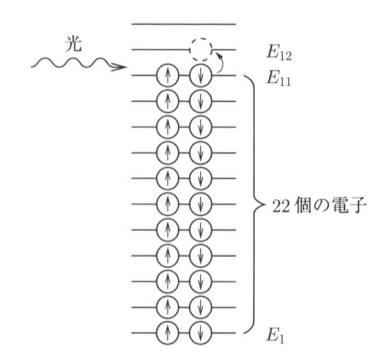

図 3.9 β-カロテンの電子状態

態といえる（図3.9. 矢印はスピン成分の上向きと下向きを示す）．さてここに光子がやってきて，電子にエネルギーを与えて消滅するとしよう．それが光の吸収である．しかしどんなエネルギーの光子でも吸収できるわけではなく，エネルギー保存則を満たさなければならない．電子のエネルギーは離散的であることから，光子からもらうことのできる最小のエネルギー E_a は，$n = 11$ の状態にある1個の電子が $n = 12$ の状態に移るときのものであることがわかる（図3.9）．したがって，

$$E_a = E(n=12) - E(n=11) \tag{3.21}$$

$$= \frac{h^2}{8mL^2}(12^2 - 11^2) \tag{3.22}$$

$$\approx 20000[\text{cm}^{-1}] \tag{3.23}$$

となる．これは青色の光子のエネルギーに対応する．なお，式 (3.23) で用いたエネルギーの単位 $[\text{cm}^{-1}]$ については，5.2.2項を参照．このようにして，赤色を吸収せず，青色を吸収するという β-カロテンの色の特徴を説明することができる．原子の中の電子が離散的なエネルギーをもつ理由も同じである．負の電荷をもつ電子は正の電荷をもつ原子核に強くひきつけられていて，原子核のまわりの限られた領域内を運動している．そのため，弦の振動の場合と同様に，安定して振動できる電子の波の波長はとびとびの値をもち，対応するエネルギーもとびとびの値のみが許される．

　光電効果やコンプトン効果から，振動数 ν，波長 λ をもつ光は，エネルギー

$E = h\nu$, 運動量の大きさ $|\mathbf{P}| = \frac{h}{\lambda}$ をもつ粒子の集まりと考えることができた. 逆に, 運動エネルギー E, 運動量 $\mathbf{P}$ をもつ粒子は, 振動数 $\nu = E/h$, 波長 $\lambda = h/|\mathbf{P}|$ をもつ波としてふるまうことがわかってきた. この波長はド・ブロイ波長とよばれる. これらの関係は電子だけでなく, 陽子や中性子, それらが集まってできる原子や分子においてもまったく同じである. そして, 自然界に存在しているものはすべて, 波のようにふるまい, また同時に粒子的にもふるまうという共通の性質をもつことが知られている.

ここで量子論でよく用いられる定数 $\hbar$（エイチバー）を導入しておこう. それはプランク定数 h から

$$\hbar = \frac{h}{2\pi} = 1.05 \times 10^{-34} [\text{Js}] \qquad (3.24)$$

と定義される. これを用いると, $E = h\nu$ の関係は

$$E = \hbar\omega \qquad (3.25)$$

と書くことができる. ただし $\omega = 2\pi\nu$ は角振動数である. また, 波の波数ベクトル（大きさ $\frac{2\pi}{\lambda}$ で波の進む方向を向くベクトル, 2.2.6 項参照）を $\mathbf{k}$ とすると, $|\mathbf{P}| = \frac{h}{\lambda}$ の関係は

$$\mathbf{P} = \hbar\mathbf{k} \qquad (3.26)$$

と表すことができる. このように, 粒子性を特徴づける量であるエネルギー E と運動量 $\mathbf{P}$ は, 波動性を特徴づける量である角振動数 ω と波数ベクトル $\mathbf{k}$ に定数 $\hbar$ を通して関係づけられる. これらの式 (3.25), (3.26) はアインシュタイン-ド・ブロイの関係式とよばれている.

3.4 ミクロな粒子の運動法則

3.4.1 シュレーディンガー方程式

粒子が波動性をもつとすると, ニュートンの運動方程式にはしたがわない. その運動を記述するにはどうすればよいのだろうか. まず, 空間を伝搬する波（電磁波などの古典的波動）を考えてみよう. 式 (2.157) でみたように, 波数 k, 角振動数 ω をもって $+x$ 軸方向に自由に伝搬する波は

$$a(x,t) = a_0 \cos(kx - \omega t) \tag{3.27}$$

と表される．これは複素数を使って

$$a(x,t) = a_0 e^{i(kx-\omega t)} \tag{3.28}$$

と表現される場合もある．ただし，$e^{i\theta} = \cos\theta + i\sin\theta$ である．ここで複素数が用いられるのは単に計算を簡単化するためである．古典的波動は本来実数で表されるべきものであるから，複素数を用いる場合には，その実数部，すなわち式 (3.27)，が実際の波を表すという約束がある．さてここで，自由に運動する粒子のもつ波動性を

$$\psi(x,t) = A e^{i(kx-\omega t)} \tag{3.29}$$

と表すことができるとしてみよう．ただし，古典的波動の場合と違い，実数部だけでなく虚数部も含む複素数として粒子の波動性が表されるものとしよう．この $\psi(x,t)$ は，粒子の波動関数とよばれている．粒子の波動性を表す波数 k および角振動数 ω は，その粒子性を表す運動量 P およびエネルギー E と

$$P = \hbar k, \quad E = \hbar\omega \tag{3.30}$$

の関係にあるから，式 (3.29) は

$$\psi(x,t) = A e^{i(\frac{P}{\hbar}x - \frac{E}{\hbar}t)} \tag{3.31}$$

と書くこともできる．すると，この波動関数 $\psi(x,t)$ が満足すべき関係式を次のようにして得ることができる．まず $\psi(x,t)$ を時間 t で偏微分すると

$$\frac{\partial \psi(x,t)}{\partial t} = -i\frac{E}{\hbar}\psi(x,t) \tag{3.32}$$

となるが，これより

$$i\hbar \frac{\partial \psi(x,t)}{\partial t} = E\psi(x,t) \tag{3.33}$$

が得られる．次に $\psi(x,t)$ を座標 x で微分すると

$$\frac{\partial \psi(x,t)}{\partial x} = i\frac{P}{\hbar}\psi(x,t) \tag{3.34}$$

となるが，これより

$$-i\hbar \frac{\partial \psi(x,t)}{\partial x} = P\psi(x,t) \tag{3.35}$$

3.4 ミクロな粒子の運動法則

が得られる．両辺をもう一度座標 x で微分すると

$$(-i\hbar)^2 \frac{\partial^2 \psi(x,t)}{\partial x^2} = P^2 \psi(x,t) \tag{3.36}$$

となる．自由に運動する粒子（質量 m）の場合，そのエネルギー E は運動量 P を用いて，

$$E = \frac{P^2}{2m} \tag{3.37}$$

と表される．このことから，式 (3.33) と (3.36) を用いて

$$i\hbar \frac{\partial}{\partial t} \psi(x,t) = -\frac{\hbar^2}{2m} \frac{\partial^2}{\partial x^2} \psi(x,t) \tag{3.38}$$

の関係が導かれる．右辺を，次のように定義される演算子

$$\hat{P} = -i\hbar \frac{\partial}{\partial x} \tag{3.39}$$

を用いて書き換えると（P の上の記号 '^' は，これが演算子，すなわち，右側にくるものに何らかの作用を行うもの，であることを示す），

$$i\hbar \frac{\partial}{\partial t} \psi(x,t) = \frac{\hat{P}^2}{2m} \psi(x,t) \tag{3.40}$$

となる．ここで，演算子 $\hat{H}$ を

$$\hat{H} = \frac{\hat{P}^2}{2m} \tag{3.41}$$

と定義すると，式 (3.40) は

$$i\hbar \frac{\partial}{\partial t} \psi(x,t) = \hat{H} \psi(x,t) \tag{3.42}$$

と書くことができる．このようにして，自由に運動する粒子の波動関数 $\psi(x,t)$ を仮定して，その $\psi(x,t)$ が満たすべき関係が得られた．式 (3.41) の演算子 $\hat{H}$ はハミルトニアンとよばれ，粒子のエネルギーを運動量 P を用いて表した表式の中で

$$\frac{P^2}{2m} \to \frac{\hat{P}^2}{2m} \tag{3.43}$$

のように，運動量 P を演算子 $\hat{P}$ で置き換えたものである．

それでは，ポテンシャルエネルギーが $U(x)$ で与えられる粒子の波動関数に対して，それが満たすべき関係はどうなるだろうか．その場合，粒子のエネルギーは運動エネルギーとポテンシャルエネルギーの和であるから，それを運動量 P と座標 x の関数で表し，運動量 P を演算子 $\hat{P}$ で置き換えると

$$\frac{P^2}{2m} + U(x) \to \frac{\hat{P}^2}{2m} + U(x) \tag{3.44}$$

となる．そして，式 (3.41) の $\hat{H}$ に代わって，演算子

$$\hat{H} = \frac{\hat{P}^2}{2m} + U(x) \tag{3.45}$$

を用いた関係

$$i\hbar \frac{\partial}{\partial t}\psi(x,t) = \hat{H}\psi(x,t) \tag{3.46}$$

が，ポテンシャルエネルギー $U(x)$ をもつ粒子の波動関数が満たす関係式ではないかと推測される．式 (3.45) の $\hat{H}$ は，ポテンシャル $U(x)$ の中の粒子のハミルトニアンとよばれる．もちろん，式 (3.46) が波動性をもつ粒子の運動を正しく記述するかどうかは，実験との比較によってのみ確認することができる．そして実際に水素原子の中で運動する電子の場合について波動関数が求められ，計算から得られたエネルギーはスペクトルの測定結果と一致した．式 (3.46) はミクロな粒子に対する運動方程式であり，シュレーディンガー方程式とよばれている（E. Schrödinger, 1926 年）．

3.4.2 箱の中の粒子の運動

シュレーディンガー方程式を用いて，簡単な例について解析を行ってみよう．まず，一定のエネルギーをもつ粒子の運動を考える．その波動関数は，時間 t とともに角振動数 $\omega = \frac{E}{\hbar}$ で振動するという特徴をもっている（式 (3.31) 参照）から

$$\psi(x,t) = \phi(x)e^{-i\omega t} \tag{3.47}$$

と表すことができる．ここで，$\phi(x)$ は座標 x のみの関数で，$\psi(x,0)$ と等しい．この $\psi(x,t)$ をシュレーディンガー方程式 (3.46) に代入すると

3.4 ミクロな粒子の運動法則

$$i\hbar\frac{\partial}{\partial t}\phi(x)e^{-i\omega t} = \hat{H}\phi(x)e^{-i\omega t} \tag{3.48}$$

となる. 左辺は

$$i\hbar\frac{\partial}{\partial t}\phi(x)e^{-i\omega t} = i\hbar\phi(x)\frac{\partial}{\partial t}e^{-i\omega t} \tag{3.49}$$

$$= \hbar\omega\phi(x)e^{-i\omega t} \tag{3.50}$$

となる. 一方, 式 (3.48) の右辺において, 演算子 $\hat{H}$ は時間 t を含まず, $e^{-i\omega t}$ には作用しないから

$$\hat{H}\phi(x)e^{-i\omega t} = e^{-i\omega t}\hat{H}\phi(x) \tag{3.51}$$

となる. したがって, 式 (3.48)〜(3.51) より

$$\hat{H}\phi(x) = E\phi(x) \tag{3.52}$$

という $\phi(x)$ の満たす関係式が得られる. ここで, $E = \hbar\omega$ を用いた. 式 (3.52) は, 時間を含まないシュレーディンガー方程式とよばれている.

式 (3.45) のハミルトニアン

$$\hat{H} = \frac{\hat{P}^2}{2m} + U(x) \tag{3.53}$$

におけるポテンシャルエネルギー $U(x)$ として,

$$U(x) = 0, \qquad (0 \leq x \leq L) \tag{3.54}$$

$$= \infty, \qquad (x < 0, x > L) \tag{3.55}$$

を考えよう (図 3.10). この $U(x)$ の中では, 粒子は $0 \leq x \leq L$ の領域内を力を受けず自由に運動するが, その外部に出ることはできない. このことから, 波動関数 $\phi(x)$ の値は, $x = 0$ および $x = L$ において

$$\phi(0) = 0, \qquad \phi(L) = 0, \tag{3.56}$$

となる. その理由は, もしそうでなければ, $0 \leq x \leq L$ の領域外で $\phi(x)$ が値をもつからである. というのも, $\phi(x)$ は x に対して連続的に変化すると期待されるからである. 式 (3.56) は, この場合の境界条件とよばれる. なお, このポテンシャルエネルギー $U(x)$ の下で運動する粒子の状態は, 3.3 節でシュレーディンガー方程式を使わずに解析した, 長さ L の 1 次元空間内を運動する (β-カロテンの) 電子の状態と同じものであることに注意しよう.

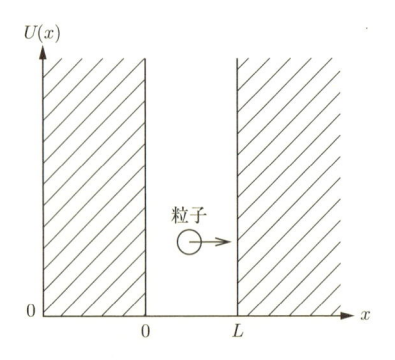

図 3.10 閉じこめられた粒子のポテンシャルエネルギー

こうして，時間を含まないシュレーディンガー方程式 (3.52) を，境界条件 (3.56) のもとで解くことが次の問題となる．ここでは

$$\phi(x) = A \sin kx \tag{3.57}$$

という解の形を考えよう．これが境界条件を満足するには，$x = L$ において，

$$\sin kL = 0 \tag{3.58}$$

が成り立つ必要があるから

$$kL = n\pi \qquad (n = 1, 2, 3, \cdots) \tag{3.59}$$

すなわち

$$k = \frac{n\pi}{L} \qquad (n = 1, 2, 3, \cdots) \tag{3.60}$$

でなければならない．なお，$x = 0$ では $\phi(x) = 0$ であり，境界条件を満足している．$n = 0$ の場合は x にかかわらず $\phi(x) = 0$ となるため解にはならない．式 (3.57) にハミルトニアンを作用させると

$$\hat{H}\phi(x) = \frac{\hat{P}^2}{2m} A \sin kx \tag{3.61}$$

$$= -\frac{\hbar^2}{2m} \frac{\partial^2}{\partial x^2} A \sin kx \tag{3.62}$$

$$= \frac{\hbar^2}{2m} k^2 A \sin kx \tag{3.63}$$

$$= \frac{\hbar^2}{2m} k^2 \phi(x) \tag{3.64}$$

3.4 ミクロな粒子の運動法則

となる．したがって，式 (3.52) から

$$E = \frac{\hbar^2}{2m}k^2 \tag{3.65}$$

$$= \frac{\hbar^2\pi^2}{2mL^2}n^2 \quad (n=1,2,3,\cdots) \tag{3.66}$$

であれば，式 (3.57) は求める解になることがわかる．こうして，時間を含まないシュレーディンガー方程式 (3.52) の解として

$$\phi_n(x) = A\sin\frac{n\pi}{L}x \tag{3.67}$$

が得られた．ただし，$n=1,2,3,\cdots$ である．それぞれの $\phi_n(x)$ に対応するエネルギーは

$$E_n = \frac{\hbar^2\pi^2}{2mL^2}n^2 \tag{3.68}$$

である．このような，時間を含まないシュレーディンガー方程式 (3.52) を満足する解 $\phi_n(x)$ はハミルトニアン $\hat{H}$ の固有関数，また，エネルギー E_n はハミルトニアン $\hat{H}$ の固有値，とよばれる．このようなハミルトニアンの固有関数で表される状態は一定のエネルギーをもち，定常状態とよばれている．そして，定常状態の波動関数として時間的に振動する項も含めると

$$\psi_n(x,t) = \phi_n(x)e^{-iE_n/\hbar t} \tag{3.69}$$

と表すことができる．

さてここで，波動関数 $\phi_n(x)$ のもつ意味について考えたい．3.2 節で 1 個の光子の起こす干渉を考えたとき，確率振幅という量を使って議論した．そこでは，ある過程に対する確率振幅という量が ψ であるとき，その過程が観測される確率は $|\psi|^2$ で与えられた．波動関数はこの確率振幅に対応するものである．粒子が波動関数 $\psi_n(x,t)$ で表される状態にあるとき，その粒子の存在する位置を観測すると，位置 x で粒子を検出する確率は $|\psi_n(x,t)|^2$ によって決まるのである．正確には，粒子を座標 $x \sim x+dx$ の範囲に検出する確率 $P(x)dx$ は

$$P(x)dx = |\psi_n(x,t)|^2 dx = |\phi_n(x)|^2 dx \tag{3.70}$$

によって与えられる．これを，波動関数の確率解釈という (M. Born, 1926 年)．すなわち，波動関数は粒子を検出する確率の波の振幅を表すものと解釈する．

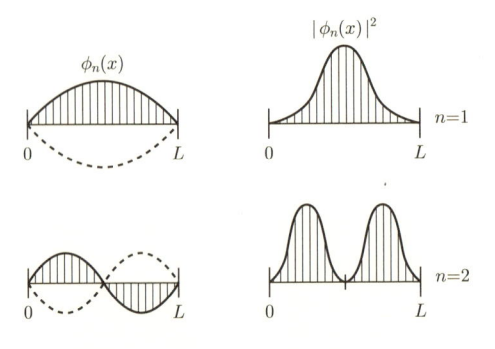

図 3.11 波動関数とその絶対値の 2 乗

そのため，波動関数は古典的波動のような，実在する波であると考えることはできない．この解釈によって，量子力学は波動性と粒子性という全く異なる性質を，統一的に記述することができるようになった．

定常状態においては，確率 $P(x)dx$ は時間に依存しない．図 3.11 に，$n=1, 2$ の場合について，$\phi_n(x)$ と $|\phi_n(x)|^2$ を示した．粒子の波動性を反映して，$|\phi_n(x)|^2 = 0$ となる付近の位置 x では，粒子を検出する確率はほとんどゼロとなる．

なお，粒子はどこかで 1 回だけ検出されなければならないことから

$$\int_0^L P(x)dx = \int_0^L |\phi_n(x)|^2 dx = 1 \tag{3.71}$$

という関係が成り立つ．これに式 (3.67) を代入することにより

$$A = \sqrt{\frac{2}{L}} \tag{3.72}$$

が得られる．式 (3.71) は規格化条件とよばれる．

3.4.3 不確定性関係

式 (3.69) で表される定常状態の波動関数は，

$$\psi_n(x,t) = A\sin kx e^{-i(E_n/\hbar)t} \tag{3.73}$$

$$= A\frac{1}{2i}\left(e^{ikx} - e^{-ikx}\right)e^{-i(E_n/\hbar)t} \tag{3.74}$$

$$= A\frac{1}{2i}\left[e^{i\{kx-(E_n/\hbar)t\}} - e^{i\{-kx-(E_n/\hbar)t\}}\right] \tag{3.75}$$

と書き直すことができる．この表式から，波動関数 $\psi_n(x,t)$ は，$+x$ 方向へ進む波数 k の波と $-x$ 方向へ進む波数 $-k$ の波との重ね合わせであることがわかる．したがって，粒子の運動量 $p = \hbar k$ は一つの値に決まっておらず，運動量の値を測定すると，$+\hbar k$ である確率が $1/2$，$-\hbar k$ が $1/2$ である．エネルギーが最小になる $n = 1$ の状態 $(k = \frac{\pi}{L})$ の場合について，この運動量のばらつきの度合いを $\Delta p = \hbar k = \hbar\frac{\pi}{L}$ と表すことにしよう．一方，粒子の位置を測定した場合も，その結果は確率的にしか決まらず，位置 x に見出す確率は $|\psi(x,t)|^2$ に比例する（図 3.11 の右上の図を参照）．そこで，粒子を見出すことのできる領域の長さの程度を $\Delta x = L$ と表そう．Δx が小さくなると，Δp はそれに反比例して大きくなる．この二つの量を掛けると

$$\Delta x \Delta p = L\hbar\frac{\pi}{L} \sim \hbar \tag{3.76}$$

となる．この表式は，位置と運動量に関するハイゼンベルクの不確定性（W. Heisenberg, 1927 年）とよばれる関係の一例である．一般的には，ある粒子の状態において，位置のとりうる値の不確かさを Δx，運動量のとりうる値の不確かさを Δp とすると，次の不等式

$$\Delta x \Delta p \geq \frac{\hbar}{2} \tag{3.77}$$

が成立する．この関係は，位置と運動量に関する不確かさの積は，$\hbar$ 程度のゼロではない下限をもつことを意味している．これは，粒子のもつ波動性の直接的な帰結である．この例の場合，長さ L の空間に粒子の運動が閉じ込められているために，$\Delta x = L$ として $\Delta p = \frac{\hbar}{L}$ 程度の運動量の不確定さが生じる．このため粒子の運動エネルギーの値は最低でもゼロにはならず，$\frac{(\Delta p)^2}{2m} = \frac{\hbar^2}{2mL^2}$ 程度の値をもつことになる．これは，式 (3.68) における E_1 程度の量である．なお，不確定性関係 (3.77) における位置や運動量の不確かさは，それぞれの測定値に対する分散によってきちんと定義する必要がある．しかし本書の目的には

半定量的議論で十分であるため，式 (3.76), (3.77) の議論において数因子 2 や π を気にする必要はない．

粒子の位置と運動量に関する不確定性関係はその波動性にもとづいており，電子，陽子，中性子，原子，光子など，すべての粒子に共通の基本的性質である．たとえば，光子に対してこの不確定性関係を適用すると，光学顕微鏡の空間分解能の原理的な限界を与えることになる．レンズを使って波長 λ の平行光を集光したとしよう．このとき，どのような光学系を用いたとしても，レンズの焦点の場所において光は 1 点に集まることはなく，ある大きさ Δx の広がりをもつことが知られている．図 3.12 のように，平行光の直径を D，レンズの焦点距離を f としよう．レンズに入射する光子は z 方向の運動量 $P_z = \frac{h}{\lambda}$ をもっているが，集光された後は広がっていくために x 方向成分ももつことになる．入射したある光子が集光後どの方向に向かうのかは決まっていないため，運動量の x 方向成分 P_x には不確定さ Δp_x が生じる．図 3.12 の幾何学的関係から，Δp_x は

$$\Delta p_x \approx \frac{h}{\lambda} \cdot \frac{D/2}{f} \tag{3.78}$$

と表すことができる．光子の位置 (x 方向) の不確定さを Δx とすると，不確定性関係から

$$\Delta x \Delta p_x \approx \Delta x \frac{h}{\lambda} \cdot \frac{D/2}{f} \sim \hbar \tag{3.79}$$

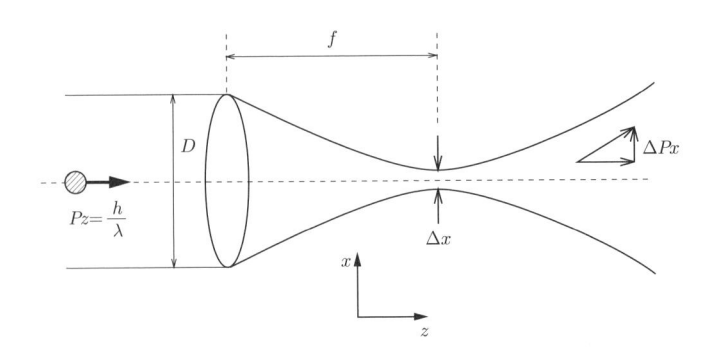

図 3.12 位置と運動量の不確定性関係

の関係が成り立つことになる．したがって

$$\Delta x \sim \lambda \frac{f}{D} \tag{3.80}$$

が得られる．こうして，レンズの焦点の位置において，光をその波長程度以下の領域に絞ることはできないというよく知られている結論が導かれる．これは，古典的な電磁波の性質として導くこともできるが，量子力学的には，光子の位置と運動量の不確定性関係とみることができる．

さて，同様の不確定性関係は，エネルギーと時間の間にも成立することが知られているので，ここで紹介しておこう．たとえば，波動関数

$$\psi(x,t) = e^{i\{(p/\hbar)x - (E/\hbar)t\}} \tag{3.81}$$

で表される波を考えよう．その波が伝搬することのできる位置 x をある領域内 Δx に制限すると，運動量 p は確定した値をもてなくなり，広がり Δp をもつ．この位置と運動量の不確定性関係（式 (3.77)）は，波を表す指数関数の中に $(p/\hbar)x$ という p と x の積があることと関係している．そしてもう一つの積 $(E/\hbar)t$ の E と t についても，まったく同様のことが起こる．すなわち，波がきれいに振動することのできる時間 t をある時間領域内 Δt に制限すると，エネルギー E は確定した値をもてなくなり，ある広がり ΔE をもつのである．そしてやはり

$$\Delta E \Delta t \geq \frac{\hbar}{2} \tag{3.82}$$

の関係が成り立つ．これはエネルギーと時間に関する不確定性関係とよばれる．これも，粒子の波動性にもとづく量子力学に特有の性質と考えることができる．

陽電子断層撮影法と物理学の保存則

がんの診断法の一つに陽電子断層撮影法 (Positron Emission Tomography, 略して PET) が知られている（カラー口絵-5）．そこで利用される現象は単純であるが，物理学的にはとても奥深いものである．陽電子 (positron) は，最初，宇宙線を観測していたときに磁場の中で電子とは逆方向に曲がる粒子があったことから発見された (C.D.Anderson, 1932年)．陽電子は電子と同じ質量 m および同じ大きさの電荷 e をもつ粒子である．ただし，電子の電荷は負 $(-e)$ であるのに対し，陽電子のもつ電荷は正 (e) である．おもしろいことに，陽電子が電子と出会うと二つの粒子は消滅し（これを対消滅という），光の一種であるガンマ線に変わってしまう．この逆の過程も起こり，対生成という．このような電子と陽電子，また，陽子と反陽子などは互いに反粒子の関係にあるとよばれる．なお，陽電子の存在は，それが実験的に確認される前に，特殊相対性理論を考慮した量子力学の理論をつくったディラックにより予言されていた (P.A.M.Dirac, 1930 年)．

PET では，陽電子を放出する放射性同位元素をもつ分子（トレーサー）を体内に導入する．すると，トレーサーから放出された陽電子はそのすぐ近くにある（体内の）電子と対消滅を起こし，ガンマ線が発生する．このガンマ線を測定することにより，対消滅が起こった場所を特定する．そこで，がんの場所に集まりやすい性質をもつトレーサー（糖分子）を用いれば，がんの場所を特定できることになるわけである．（糖代謝の活発な場所に集まるので，がんばかりでなく，たとえば脳の活動度を調べることにも役立つ．）なお，ガンマ線の振動数 ν は可視光よりも高く，光子 1 個のもつエネルギー $h\nu$ は大きい．そのため，あまり減衰することなく人体を透過することができる．

発生したガンマ線から対消滅の起こった場所を決定できる理由には，エネルギーと運動量の保存則が深くかかわっている．そこで，一組の電子と

Box 陽電子断層撮影法と物理学の保存則

陽電子が対消滅を起こすときに成立する保存則について考えてみることにしよう．まず電荷に着目すると，対消滅の起こる前，陽電子の電荷は e，電子の電荷は $-e$ であるから電荷の総和はゼロである．対消滅で発生するガンマ線の光子の電荷はゼロであるから，対消滅の前後で電荷は増えも減りもせず，電荷の保存則（式 (2.139)）が成り立っていることがわかる．次に，エネルギーはどうだろうか．特殊相対性理論によると，質量 m の粒子は，その速度がゼロのとき，mc^2 (c は光速) の静止エネルギーをもっている．この静止エネルギーと比べて，運動エネルギーやポテンシャルエネルギーがかなり小さいため，対消滅の起こる前，電子と陽電子のもつエネルギーの和は $2mc^2$ にほとんど等しい．したがって，発生するガンマ線の光子のもつエネルギーは $2mc^2$ でなければならないことになる．しかし，これを1個の光子で引き受けることはできないのである．なぜなら，運動量が保存しなくなってしまう．ガンマ線の光子1個のもつ運動量の大きさは h/λ（λ は波長）であるが，λ が小さいため，対消滅前に電子や陽電子のもつ運動量と比べてかなり大きな値なのである．しかし運動量はベクトルであるから，粒子が二つあればそれぞれの運動量の大きさは大きくても，もし方向が反対方向であれば，運動量の和をゼロにすることができる．このため，2個のガンマ線光子が互いに逆方向に放出されることになる．すなわち，一つの光子はエネルギー $h\nu = mc^2$ および大きさ $h\nu/c$ の運動量をもち，もう一つの光子はエネルギー $h\nu = mc^2$ および大きさ $h\nu/c$ で逆方向の運動量をもてば，エネルギー保存則も運動量保存則も満足することができる．PETではこのことを利用している．ほとんど同時に検出された二つの光子の検出場所を結ぶ線上に対消滅を起こした場所があるといえる．対消滅が起こるたびに発生する光子対の方向は変化するが，これらが交差するところが対消滅の起こる場所ということになる．

対消滅によって発生したガンマ線光子1個のエネルギー $h\nu = mc^2$ はどれくらいの値だろうか．電子（あるいは陽電子）の質量 m と光速 c の値から計算すると，約 511[keV] という値が得られる．ここで [eV] はエネルギーの単位で，電子ボルトとかエレクトロンボルトと読む．1[eV] は1個の電子が

1[V] の電位にあるときのエネルギーである ($1[eV] = 1.6022 \times 10^{-19}[J]$).
可視光の光子 1 個のエネルギーは 1[eV] のオーダーであるから，それよりも 10 万倍以上大きい．

さて，対消滅の起こる前は電子と陽電子があり，対消滅後は光子が二つある．電子はいわゆる物質（陽電子は反物質）であるが，光子は空間のもつ性質である場（電場と磁場）の波を量子化したものである．普通，空間は物質の運動する舞台であり，物質と空間とはまったく別ものと考えがちである．ところがこの対消滅という現象は，物質と場が互いに変換し合うものであることをはっきりと示している．そして現在の物理学では，物質もそれに対応する場を量子化したものとして，光子などとともに統一的に理解されるようになった．自分の体の一部であった電子が対消滅を起こして光子に変わっていく様子を想像しながら，PET 検診を受けるとおもしろいかもしれない．

4

ミクロとマクロをつなぐ法則：
統計物理学

　生命現象もわれわれの身のまわりで起こる自然現象も不可逆的な現象である．マクロな現象に一般にみられる不可逆性は一体どこから出てくるのだろうか．これまでの章では，マクロな世界やミクロな世界の物理法則を概観してきた．そこで解析したのはごく少数の粒子に関する運動であった．一方，生体をはじめ，われわれのまわりにあるマクロな物体は膨大な数の原子の集まりである．固体や液体，さらには生体のようなマクロな物体の示すさまざまな性質は，運動の基本法則から理解できるのだろうか．それぞれの原子の運動はミクロな立場からは量子力学の法則，たとえばシュレーディンガー方程式にしたがうだろう．しかし，マクロな物体のように相互作用する粒子の数が多い系に対して，それを数値的に解くことは事実上不可能である．ではミクロな運動の基本法則からはマクロな物体の性質についてまったく何もわからないのだろうか．ここで登場するのが統計物理学である．統計物理学は，粒子数が非常に多いということ自体をよりどころとして統計的な考えを導入する．これにより，運動方程式を直接解くことができなくても，マクロな物体に対して実験で観測されるさまざまな物理量を定量的に予言できるようになる．その中で，エントロピーという量がマクロな現象の不可逆性と密接に関係してくる．第4章では，この統計物理学の考え方について概観しよう．

4.1 マクロな世界の不可逆性

ばねにつながれた粒子の振動運動（図1.3）を考えてみよう．1章でみたように，力学的エネルギー保存則から，運動エネルギーとポテンシャルエネルギーの和は時間的に一定で変化しないことが期待される．しかし実際に実験を行うと摩擦などのために必ずしもそうはならず，振動の振幅は時間とともに小さくなり，最後には粒子は停止するだろう．そして消えた力学的エネルギーは，粒子やばねやまわりの物体の中で熱となっていることがわかる．このような物体のもつ熱がエネルギーの一つの形態であることは現在では当然のことのように感じられる．しかし，力学的エネルギーが熱エネルギーに変換される割合が常に一定であることがジュールによって実験的に確かめられたのは19世紀の中ごろであり，それほど古いことではない（J.P. Joule, 1840年代）．その後原子の存在が明らかとなって，熱エネルギーはミクロな原子の運動に伴うエネルギーであると考えられるようになった．

さて，このように力学的エネルギーがすべて熱エネルギーに変換される現象は通常経験することである．それでは，逆の現象はどうだろうか．熱エネルギーがすべてマクロな力学的エネルギーに変換されることはあるだろうか．経験的には，静止したマクロな粒子やばねに熱エネルギーを与えても，それと等しい力学的エネルギーをもった粒子の運動が始まることはありそうにないことである．ばねにつながれた粒子の振動運動をビデオに記録したとしよう．それを再生して，振動の振幅が徐々に小さくなる過程をみても特に不自然ではない．しかし，もしそれを時間的に逆に再生して，最初に静止してた粒子が徐々に振幅を大きくしながら振動する様子をみれば明らかに不自然であり，逆向きに再生していることがわかるだろう．このような，時間的に逆向きの過程が起こらない現象は不可逆過程とよばれている．われわれの経験では，マクロな自然現象や生命現象は多かれ少なかれ熱の発生を伴っており，不可逆過程といえるだろう．

ニュートンの運動方程式

$$m\frac{d^2\mathbf{r}}{dt^2} = \mathbf{F} \tag{4.1}$$

にもどって考えてみよう．ここで時間 t を $t = -t'$ とおいてみる．

$$\frac{d\mathbf{r}}{dt} = -\frac{d\mathbf{r}}{dt'}, \quad \frac{d^2\mathbf{r}}{dt^2} = \frac{d^2\mathbf{r}}{dt'^2} \tag{4.2}$$

より，

$$m\frac{d^2\mathbf{r}}{dt'^2} = \mathbf{F} \tag{4.3}$$

が得られ，運動方程式は逆向きに進む時間 t' に対してもまったく同じ形をしていることがわかる．このことを，ニュートンの運動方程式は時間反転に対して対称であるという．これは，ある現象が起こるとき，それに対して時間的に逆向きの現象も起こりうることを意味する．たとえば，物体が落下するとき，そのポテンシャルエネルギーは運動エネルギーに変わってゆくが，その逆過程では，物体が上昇しながら運動エネルギーがポテンシャルエネルギーに変化することになる．確かに，この過程は摩擦などによる熱の発生のない理想的な場合には起こりうることである．しかし実際には熱の発生が起こり，経験的には不可逆過程である．では，熱の発生はなぜ不可逆過程なのだろうか．このような不可逆性は，本章でふれるように，マクロな系におけるエントロピー増大則というきわめて一般的に成立する経験則の一例として議論することができる．しかし一方で，マクロな運動も基本的にはミクロな運動の集まったものである．そのミクロな運動を記述するシュレーディンガー方程式（式 (3.46)）もニュートンの運動方程式と同様に，時間反転に対して対称であることが知られている．では，不可逆性は一体どこからくるのだろうか．これは物理学における基本的な問題であるが，実はまだ本当の解答は得られていない．

4.2　マクロな状態と対応するミクロな状態

　マクロな物体は原子などのミクロな粒子の集まりであるから，その物体の状態を完全に記述するためにはすべてのミクロな粒子の運動状態を知る必要がある．しかし，その粒子の数はマクロな物体に対してはアヴォガドロ数 (6.0222×10^{23}) 程度の莫大なものになるから，物体の状態を完全に記述することは不可能である．一方，マクロな物体に関する実験結果を予測するために，すべての原子の運

動状態に関する完全な情報が必要になるわけではない．たとえばマクロな物体に対してある物理量，たとえばエネルギー，に関する測定を行い，ある値 E が得られたとする．そして次の測定でも同じ値 E が得られたとしよう．この 2 回の実験において，ミクロな粒子の運動状態まで全く同じであったとは限らない．

簡単な例として，互いにほとんど相互作用しない希薄な N 個の原子からなる気体 (理想気体) を考えてみよう．そのエネルギーは，それぞれの原子のもつ運動エネルギーの和である．前章でみたように，長さ L の中を自由に（1 次元）運動する原子（質量 m）の運動エネルギー E は，式 (3.68) より，

$$E = \frac{h^2}{8mL^2}n^2 \qquad (n = 1, 2, 3, \cdots) \tag{4.4}$$

と表すことができる．3 次元運動を考えると，体積 $V = L^3$ の立方体中を自由に運動する原子の運動エネルギー E は

$$E = \frac{h^2}{8mL^2}\{n_x^2 + n_y^2 + n_z^2\} \tag{4.5}$$

となる．このように一つの原子の運動エネルギーは，n_x, n_y, n_z という三つの数（量子数）を指定すると決まる．したがって N 個の原子からなる気体のエネルギー E は

$$E = \frac{h^2}{8mL^2}\{n_{1x}^2 + n_{1y}^2 + n_{1z}^2 + n_{2x}^2 + n_{2y}^2 + n_{2z}^2 + \cdots + n_{Nx}^2 + n_{Ny}^2 + n_{Nz}^2\} \tag{4.6}$$

となり，$3N$ 個の量子数

$$(n_{1x}, n_{1y}, n_{1z}, n_{2x}, n_{2y}, n_{2z}, \cdots, n_{Nx}, n_{Ny}, n_{Nz}) \tag{4.7}$$

によって決まる．そしてこの 1 組の量子数が，気体のミクロな状態を記述することになる．さて式 (4.6) からわかるように，エネルギーが E となるような $3N$ 個の量子数にはいろいろな組み合わせが可能である．すなわち，エネルギーが E となるような気体のミクロな状態は多数ある．また，その数は E が増加するとともに増えることも容易に理解される．そこで，気体のミクロな状態の数について調べよう．

まず 1 個の原子について考えよう．n_x, n_y, n_z を座標軸にとる 3 次元空間を考えると（図 4.1），1 組の量子数 (n_x, n_y, n_z) は，この空間の中の 1 点に対応

4.2 マクロな状態と対応するミクロな状態

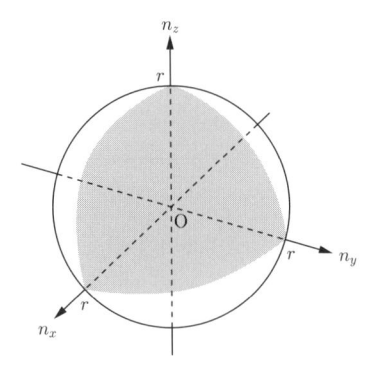

図 4.1 量子数からなる空間と状態数

する．ここで，エネルギーが E 以下の値をもつ状態の数を $\phi(E)$ としよう．式 (4.5) より

$$\{n_x^2 + n_y^2 + n_z^2\} = \frac{8mL^2}{h^2}E = r^2 \tag{4.8}$$

とおくと，$\phi(E)$ はこの空間で原点を中心とする半径 r の球を考えたとき（図 4.1），n_x, n_y, n_z が正の領域にある体積と等しいことがわかる．(n_x, n_y, n_z は整数なので，1 組の量子数が単位体積を占めると考えればよい．）すなわち

$$\phi(E) = \frac{1}{8}\frac{4}{3}\pi r^3 = \frac{\pi}{6}\left(\frac{L}{\pi\hbar}\right)^3 (2mE)^{\frac{3}{2}} \tag{4.9}$$

となる．エネルギーがある非常に狭い範囲，$E \sim E + \delta E$, の間の値をもつような状態の数 $\Omega(E)$ は，$\phi(E)$ と次のような関係にある．

$$\Omega(E) = \frac{\partial \phi(E)}{\partial E}\delta E \tag{4.10}$$

これより，

$$\Omega(E) = \frac{L^3}{4\pi^2\hbar^3}(2m)^{\frac{3}{2}}E^{\frac{1}{2}}\delta E \tag{4.11}$$

が得られる．この結果より，$\Omega(E)$ は E の増加とともに増大することがわかる．では原子が N 個集まった理想気体の場合はどうなるだろうか．そのエネルギー E は $3N$ 個の量子数によって式 (4.6) のように与えられる．気体のエネルギーが

E 以下の値をもつ状態の数を $\Phi(E)$ としよう．式 (4.8) と同様に式 (4.6) より，

$$\{n_{1x}^2 + n_{1y}^2 + n_{1z}^2 + n_{2x}^2 + n_{2y}^2 + n_{2z}^2 + \cdots + n_{Nx}^2 + n_{Ny}^2 + n_{Nz}^2\} = \frac{8mL^2}{h^2}E$$
$$= r^2$$
(4.12)

とおく．今度は $3N$ 個の量子数を座標軸とする $3N$ 次元空間における半径 r の球を考える必要がある．そして $\Phi(E)$ は，その球の内で各量子数が正の領域にある体積と等しいだろう．したがって

$$\Phi(E) \propto r^{3N} \propto V^N E^{\frac{3N}{2}} \tag{4.13}$$

となることがわかる．ここで $V = L^3$ は立方体の体積である．なお，以下の議論のためには $\Phi(E)$ の E に対する依存性だけが本質的に重要になるので，$\Phi(E)$ の値自身を求めることは止めておく．さて，気体のエネルギー E がある非常に狭い範囲，$E \sim E + \delta E$，の間の値をもつような状態の数 $\Omega(E)$ は，式 (4.10) と同様に，

$$\Omega(E) = \frac{\partial \Phi(E)}{\partial E}\delta E \propto E^{\frac{3N}{2}-1}\delta E \simeq E^{\frac{3N}{2}}\delta E \tag{4.14}$$

となる．N はアヴォガドロ数程度の大きな数であるため，$\frac{3N}{2}$ に対して 1 は無視できる．このように，$\Omega(E)$ は E の $\frac{3N}{2}$ 乗に比例し，E の増加とともにきわめて急速に増大することがわかる．

ここでは理想気体を例にして考えたが，一般に以下のことが成り立つことがわかっている．すなわち，マクロな物体の自由度（そのミクロな状態を完全に決定するために必要な量子数の数，理想気体の例では $3N$）を f とすると，その物体のエネルギー E がある非常に狭い範囲，$E \sim E + \delta E$，の間にあるようなミクロな状態の数 $\Omega(E)$ は

$$\Omega(E) \propto E^f \delta E \tag{4.15}$$

と近似できる．ここで，E^f における f は，f 程度のオーダーの数と考えればよい．このように，マクロな物体に対する $\Omega(E)$ は，そのエネルギー E の増加とともにきわめて急速に増大する関数である．

ここで，状態の数 $\Omega(E)$ を考えるときに導入した非常に狭いエネルギー幅 δE

についてふれておきたい．マクロな物体は，多かれ少なかれ，まわりの物体や電磁場などと相互作用をしている．そのために，物体のエネルギーはある値のまま厳密に一定ではありえない．また量子力学におけるエネルギーと時間の不確定性関係（式 (3.82)）から，物体のエネルギーの値が完全に確定するには無限に長い時間が必要である．これらのことから，マクロな物体がエネルギー E をもつという場合，それは厳密な意味での一つの値をもつのではなく，ある意味での 'ぼやけ' をともなっているのである．このため，その 'ぼやけ' に対応するエネルギー幅 δE を同時に考えることが必要となる．そこで，E がある非常に狭い範囲，$E \sim E + \delta E$, の間の値をもつとき，エネルギー E をもつ，とよぶことにする．そして重要なことは，エネルギー幅 δE の中にある $\Omega(E)$ 個の状態のうち，物体がどの状態にあるかは確定していないことである．その理由は，上記のようなまわりとの相互作用によるエネルギーゆらぎがあること，さらに，マクロな物体のエネルギーはそもそも不確定性関係により確定していないことによる．

4.3 絶対温度とエントロピー

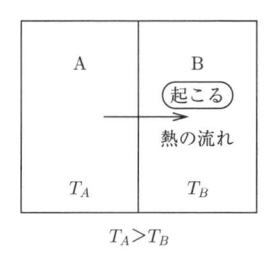

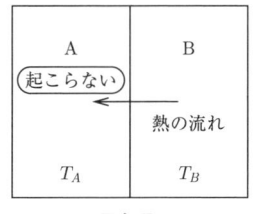

二つのマクロな物体 A と B を考えよう（図 4.2）．二つの物体は接触していて熱によるエネルギーのやり取りができるが，それぞれの体積は一定であるとする．最初に物体 A の温度が T_A，物体 B の温度が T_B で，T_A が T_B より高いとする．すると熱は物体 A から B に流れ，二つの物体がある同じ温度 T_0

図 4.2 温度の異なる物体間の熱の流れ

($T_A > T_0 > T_B$) になるまで流れ続けることになる．その後，二つの物体の温度は T_0 のまま一定で変化しない．この一定の状態は熱平衡状態とよばれる．このような熱の流れも明らかに不可逆過程である．最初に二つの物体の温度が同じであったとすると，熱の流れによって一方の温度が上昇し他方の温度が低下するという逆の現象は自然には起こらない．仮にそれがもし起こったとしても，二つの物体のエネルギーの和は一定であり，エネルギー保存則に抵触するわけではない．なぜ起こらないのだろうか．

二つのマクロな物体 A と B とを合わせた物体を AB とよび，そのエネルギーを E^0 としよう．そして

$$E^0 = E_A + E_B \tag{4.16}$$

が成り立つとしよう．ここで，E_A, E_B は物体 A, B のエネルギーであり，A, B 間の相互作用のエネルギーは十分小さくて無視できるとした．さて，物体 A のエネルギーの値は式 (4.16) を満足する限りさまざまな値をとりうる．しかし熱平衡状態においてはある値 E_A をもつ．その値はどのようにして決まるのだろう．ミクロな状態を考えてみよう．まず物体 AB に着目し，そのエネルギーが E^0 となるようなミクロな状態の数を $\Omega_{AB}(E^0)$ と表すことにしよう．このとき，物体 AB が $\Omega_{AB}(E^0)$ 個の状態のうち実際にどの状態にあるのかは確定していない．その理由は，先にふれたように，マクロな物体は孤立しているとしても多かれ少なかれまわりとのエネルギーのやりとりがあること，さらに本質的には，時間とエネルギーとの不確定性関係により，そもそもエネルギーが確定していないことによる．そして，物体 AB のミクロな状態は $\Omega_{AB}(E^0)$ 個の状態の中を時間とともに移り変わり，ある状態が他の状態に比べて特にそこに見出されやすいという理由は普通存在しない．そこで，物体 AB のミクロな状態に関して，次のような仮定をする．

「物体 AB がエネルギー E^0 をもつとき，対応する $\Omega_{AB}(E^0)$ 個のミクロな状態のうちの一つに見出される確率はすべての状態に対して同じである．」

これを，先験的等重率の仮定という．この仮定が実際に正しいのかどうかは，その理論的な帰結と実験結果との比較が判定してくれる．さて，この $\Omega_{AB}(E^0)$ 個のミクロな状態のうち，いくつかの状態では物体 A のエネルギーが E_A とな

4.3 絶対温度とエントロピー

るような状態であろう．物体 A のエネルギーが E_A であるような物体 AB のミクロな状態の数を $\Omega_{AB}(E^0, E_A)$ と表そう．すると，物体 AB が熱平衡状態にあるとき，可能な $\Omega_{AB}(E^0)$ 個の状態のうちで，物体 A のエネルギーが E_A であるような状態に物体 AB を見出す割合（確率）$P(E_A)$，という量を考えることができる．すると，先験的等重率の仮定から

$$P(E_A) = \frac{\Omega_{AB}(E^0, E_A)}{\Omega_{AB}(E^0)} \tag{4.17}$$

とするのが自然であろう．エネルギーが E_A となるような物体 A のミクロな状態の数を $\Omega_A(E_A)$，エネルギーが E_B となるような物体 B のミクロな状態の数を $\Omega_B(E_B)$ と表そう．すると，$\Omega_{AB}(E^0, E_A)$ は

$$\Omega_{AB}(E^0, E_A) = \Omega_A(E_A)\Omega_B(E_B) \tag{4.18}$$

となることがわかる．これは式 (4.16) を用いて

$$\Omega_{AB}(E^0, E_A) = \Omega_A(E_A)\Omega_B(E^0 - E_A) \tag{4.19}$$

と書くことができる．したがって

$$P(E_A) = \frac{\Omega_A(E_A)\Omega_B(E^0 - E_A)}{\Omega_{AB}(E^0)} = C\Omega_A(E_A)\Omega_B(E^0 - E_A) \tag{4.20}$$

となる．ここで，C は E_A に依存しない定数である．この $P(E_A)$ はどんな関数であろうか．式 (4.15) でみたように，$\Omega_A(E_A)$ は E_A の増加とともに極端に急速に増大する関数である．同様に，$\Omega_B(E_B)$ は E_B の増加とともに極端に急速に増大する関数であるから，$\Omega_B(E^0 - E_A)$ は E_A の増加とともに極端に急速に減少する関数になる．したがって，E_A に対して急速に増加する関数と減少する関数の積である $P(E_A)$ は，図 4.3 のように，ある E_A 付近において最大値をもつと予想される．$P(E_A)$ が最大値をもつときに成り立つ関係を求めよう．以下の議論で明らかになるように，$P(E_A)$ 自身よりも，その自然対数 $\ln P(E_A)$ を用いて議論するほうがよい．$\ln P(E_A)$ が最大値をもつとき

$$\frac{d\ln P(E_A)}{dE_A} = 0 \tag{4.21}$$

の関係を満たすことから，式 (4.18) より

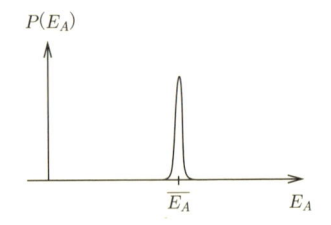

図 4.3 $P(E_A)$ の鋭いピーク

$$\frac{d\ln\Omega_A(E_A)}{dE_A} + \frac{d\ln\Omega_B(E_B)}{dE_A} = 0 \tag{4.22}$$

となる．この式の左辺第 2 項は

$$\frac{d\Omega_B(E_B)}{dE_A} = \frac{d\Omega_B(E_B)}{dE_B}\frac{dE_B}{dE_A} = -\frac{d\Omega_B(E_B)}{dE_B} \tag{4.23}$$

となるから，求める条件として

$$\frac{d\ln\Omega_A(E_A)}{dE_A} = \frac{d\ln\Omega_B(E_B)}{dE_B} \tag{4.24}$$

が導かれる．

ここで，二つの重要な物理量を導入しよう．まず，

$$\frac{1}{k_B T} \equiv \frac{d\ln\Omega(E)}{dE} \tag{4.25}$$

により絶対温度 T が定義される．その単位としては，[K]（ケルヴィン，度）が用いられる．ここで，定数 $k_B = 1.38054 \times 10^{-23}$[J/K] はボルツマン定数とよばれる．なお，絶対温度 T[K] とセルシウス温度 θ[°C] の間には，$T = \theta + 273.15$ の関係がある．次に，

$$S(E) \equiv k_B \ln\Omega(E) \tag{4.26}$$

によりエントロピー $S(E)$ が定義される．その単位は，ボルツマン定数 k_B と同じ [J/K] である．状態数 $\Omega(E)$ は必ず 1 より大きく，さらに E とともに増加する関数であるから，絶対温度 T およびエントロピー S は負の値をもつことはない．これらの量を用いて，式 (4.24) を見直してみよう．式 (4.24) と (4.25) より

4.3 絶対温度とエントロピー

$$\frac{1}{k_B T_A} = \frac{1}{k_B T_B} \tag{4.27}$$

となるから

$$T_A = T_B \tag{4.28}$$

が得られる．したがって，熱平衡状態にある二つの物体 A と B の絶対温度 T_A と T_B は等しい．また，式 (4.18) の対数をとると

$$\ln \Omega_{AB}(E^0, E_A) = \ln \Omega_A(E_A) + \ln \Omega_B(E_B) \tag{4.29}$$

であるから

$$S_{AB}(E^0, E_A) = S_A(E_A) + S_B(E_B) \tag{4.30}$$

となる．このように，物体 AB のエントロピー S_{AB} は，物体 A のエントロピー S_A と物体 B のエントロピー S_B との和で表される．そして，条件 (4.21) は物体 AB のエントロピー S_{AB} が E_A の変化に対して最大値をとる条件となっていることがわかる．

式 (4.25) で定義される絶対温度という量のもつ性質についてもう一度考えてみよう．上記と同様に二つの物体 A と B を考え，最初物体 A の温度が T_A，物体 B の温度が T_B で，T_A が T_B より高いとしよう．二つの温度が等しくないため，物体 AB は熱平衡状態にはない．すると物体 AB のエントロピー S_{AB} は，条件 (4.21) を満足するようにその最大値に向かって時間 t とともに増加するから

$$\frac{dS_{AB}}{dt} = \frac{dS_A}{dt} + \frac{dS_B}{dt} = \frac{dS_A}{dE_A}\frac{dE_A}{dt} + \frac{dS_B}{dE_B}\frac{dE_B}{dt} \tag{4.31}$$

$$= \left(\frac{dS_A}{dE_A} - \frac{dS_B}{dE_B}\right)\frac{dE_A}{dt} \tag{4.32}$$

$$= \left(\frac{1}{T_A} - \frac{1}{T_B}\right)\frac{dE_A}{dt} > 0 \tag{4.33}$$

となる．ここで，式 (4.16) より

$$\frac{dE_A}{dt} + \frac{dE_B}{dt} = 0 \tag{4.34}$$

および，式 (4.25)，(4.26) より

$$\frac{dS}{dE} = \frac{1}{T} \tag{4.35}$$

を用いた．$T_A > T_B$ であるとしたから，式 (4.33)，(4.34) より，

$$\frac{dE_A}{dt} < 0, \quad \frac{dE_B}{dt} > 0 \tag{4.36}$$

が得られる．これは，熱平衡状態に向かうとき，温度の高い物体 A のエネルギーは減少し，温度の低い物体 B のエネルギーは増加することを示している．すなわち，二つの物体が同じ温度になるまで，熱エネルギーは物体 A から B に流れることになる．

また，次のように絶対温度 T と物体のもつエネルギーとの関係が理解される．物体の自由度を f とすると，式 (4.15) より

$$\ln \Omega(E) = f \ln E + 定数 \tag{4.37}$$

であるから

$$\frac{1}{k_B T} = \frac{d \ln \Omega(E)}{dE} \sim \frac{f}{E} \tag{4.38}$$

となり

$$k_B T \sim \frac{E}{f} \tag{4.39}$$

が得られる．これは物体の絶対温度が T のとき，$k_B T$ は 1 自由度あたりの平均的なエネルギーを与えることを示している．したがって物体 A と B が熱平衡状態にあるときの関係 $T_A = T_B$（式 (4.28)）は，1 自由度あたりの平均的なエネルギーが等しくなるようにそれぞれのエネルギー E_A，E_B が決まることを示している．

熱平衡状態に向かうとき，温度の高い物体から低い物体に熱が流れる．このときのエントロピーの変化量を求めよう．ある物体に微小な熱量 Q が移動してきたとしよう．熱量 Q の符号は，その物体のエネルギーが増加するときに正ととることにする．また，熱量 Q がその物体のエネルギー E に比べて十分に小さく，この Q の移動の間，物体の温度は変化しないものとしよう．エントロピーの変化 ΔS は

4.3 絶対温度とエントロピー

$$\Delta S = S(E+Q) - S(E) \tag{4.40}$$
$$= k_B \{\ln \Omega(E+Q) - \ln \Omega(E)\} \tag{4.41}$$
$$= k_B \frac{d \ln \Omega(E)}{dE} Q \tag{4.42}$$
$$= k_B \frac{1}{k_B T} Q \tag{4.43}$$
$$= \frac{Q}{T} \tag{4.44}$$

となる．次に，熱量の流れが温度の高い物体 A から低い物体 B に移動するときを考えよう．式 (4.30) から，物体 AB のエントロピー変化 ΔS_{AB} は，物体 A のエントロピー変化 ΔS_A と物体 B のエントロピー変化 ΔS_B との和で表される．$Q > 0$ とし，熱量の符号に注意して

$$\Delta S_{AB} = \Delta S_A + \Delta S_B \tag{4.45}$$
$$= \frac{-Q}{T_A} + \frac{Q}{T_B} \tag{4.46}$$
$$= Q\left(\frac{1}{T_B} - \frac{1}{T_A}\right) > 0 \tag{4.47}$$

が得られる．このように，熱量が流出した高温物体 A のエントロピーは減少し，流入した低温物体 B においては増加する．そして全体としての物体 AB のエントロピーは増加する，ということがあらためて示された．もし温度 T_A と温度 T_B の温度差がゼロに近づくと，同じ熱量 Q の移動に対しても ΔS_{AB} はゼロに近づくことがわかる．

ここで，4.1 節で不可逆過程の例として考えた，ばねにつながれた粒子の振動運動を考えてみよう．力学的エネルギー保存則から，運動エネルギーとポテンシャルエネルギーの和は変化しないことが期待されるが，実際には摩擦のために振動の振幅は時間とともに小さくなり，最後には粒子は停止するだろう．そして消えた力学的エネルギーは熱となって，系の温度を上昇させる．この過程のうちのごく短時間を考え，摩擦により発生する熱量 Q はごく微小量であるとしよう．するとこの時間内の系のエントロピー変化 ΔS は，温度を T とし，$Q > 0$ であることから

$$\Delta S = \frac{Q}{T} > 0 \tag{4.48}$$

となる．これはこの系のエントロピーが増加することを示している．このように，摩擦による熱の発生や温度差のある物体間での熱の移動のような不可逆過程においては，系のエントロピーは増加する．熱の発生や移動が正味ゼロである熱平衡状態においては，エントロピーは変化しない．この結論は，自然界においてきわめて一般的に成立し，エントロピー増大則とよばれている．この法則は，歴史的には，はじめクラウジウスによりマクロな系の経験則（熱力学の第2法則）として導かれ（R. Clausius, 1865 年），その後，ボルツマンによって古典統計物理学的に基礎づけられた（L. Boltzmann, 1870 年代）．

4.4 エントロピー増大則とエンジンの効率

前節で考えたように，物体のもつ力学的エネルギーが摩擦によって熱エネルギーに変換される過程においては，エントロピーが増加する．その逆過程，すなわち，熱エネルギーがすべて力学的エネルギーに変換される過程に対しては，エントロピーが減少することになる．しかし，このような逆過程は経験的に起こらない．したがって，エントロピーが減少する過程は自然には起こらないといえる．ここで，問題としているエントロピーの変化は，その過程に関連する全系に対するものであることに注意しなければならない．いいかえると，系の一部においてエントロピーの減少することがあっても，他の部分における増加がそれを補って，全体としてのエントロピーが増加するのであれば，その過程は自然に起こりうることになる．

このような観点から，エンジン（たとえば自動車のガソリンエンジン）の効率の最大値について考察することができる．エンジンは，熱エネルギーを，仕事すなわち力学的エネルギーに変換するある過程（1 サイクル）を繰り返し行う装置（熱機関）とみることができる．エンジン自身は，1 サイクルを終えると元の状態に戻っている．エンジンの効率 η を，エンジンが吸収した熱エネルギー Q と熱エネルギーから変換された仕事 W 用いて

$$\eta = \frac{W}{Q} \tag{4.49}$$

と定義する．エネルギー保存則から，効率 η は 1 より大きくなることはない．

4.4 エントロピー増大則とエンジンの効率

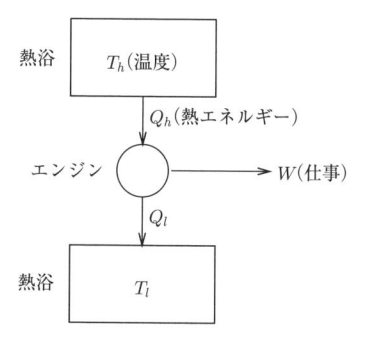

図4.4 エンジンと二つの熱浴

また1になることもない．それは熱エネルギーがすべて仕事に変換されたことになり，エントロピーが減少するからである．実際のエンジンでは，熱エネルギーの一部が放出されていることに注意する必要がある．しかも，放出された熱エネルギーを受け取る側の温度は，エンジンが Q を吸収する側の温度よりも低い．このとき，次の疑問が生じる．効率 η に原理的な最大値はあるのだろうか？ 限りなく1に近づくことはできるのか？ そこで，エンジンの1サイクルを，図4.4のような単純なモデルで考えよう．その1サイクルでは，温度 T_h の熱浴から熱エネルギー Q_h を受け取り，その一部を仕事 W に変換し，残りを熱エネルギー Q_l として温度 T_l の熱浴に放出する．ここで，熱浴とは温度が一定とみなせる大きな系である．1サイクルの後，エンジンと二つの熱浴を含めた全体としてのエントロピー変化 ΔS は，式 (4.44) を用いて，

$$\Delta S = \frac{-Q_h}{T_h} + \frac{Q_l}{T_l} \tag{4.50}$$

と表すことができる．(Q_h, Q_l ともに正の量とした．) 第1項は高温の熱浴，第2項は低温の熱浴におけるエントロピー変化である．エンジン自身については，1サイクル後に元の状態へ戻るので，エントロピー変化はゼロである．そして

$$\Delta S \geq 0 \tag{4.51}$$

であれば，このエンジンは実際に動くことができる．また，エネルギーの保存則（熱力学の第1法則）から

$$Q_h = W + Q_l \tag{4.52}$$

である．こうして，式 (4.49)〜(4.52) を用いると，効率 η の満たすべき関係として

$$\eta \leq \frac{T_h - T_l}{T_h} \tag{4.53}$$

が導かれる．右辺の値は効率の原理的な上限を与えるものといえる．その上限は，T_h と T_l の温度差が大きいほど高くなる．さらに，その上限はエンジン内部の仕組や材質，燃料に何を使うかなどには全く無関係である．そして，エンジンが動くためには，高温の熱浴から受け取ったエネルギーの一部を低温の熱浴に放出して，全体のエントロピーが増加すること ($\Delta S \geq 0$) が本質的に重要である．しかしそれによりエネルギーの一部を捨てることになるため，効率の上限ができるといえる．効率が 1 になるのは，低温の熱浴の温度が絶対 0 度，$T_l = 0$，の場合であることがわかる．

熱機関の効率の上限は，フランスのカルノーによってはじめて考察された (S. Carnot, 1824 年)．導かれた式 (4.53) の関係は，熱力学の第 2 法則の一つの表現といえる．おどろくべきことに，これは，熱エネルギーを含めたエネルギー保存則（熱力学の第 1 法則）が定式化されるより以前のことである．

4.5 カノニカル分布

これまでと同様に，二つの物体 A と B とを合わせた物体を AB とよび，温度 T の熱平衡状態にあるとしよう．ただし，物体 A は B よりも十分小さくミクロに記述することができる系であるとし，ミクロな状態 n にある物体 A のエネルギーを $E_A = E_n, (n = 0, 1, 2, \cdots)$ と表そう．一方，物体 B はエネルギー E_B をもつマクロな系であるとしよう．このような場合，物体 B は A に対する熱浴としてはたらく，という．物体 AB のエネルギーを E^0 とすると，

$$E^0 = E_n + E_B \tag{4.54}$$

が成り立つ．このとき，次のような問題を考えよう．物体 A がエネルギー E_n をもつある一つのミクロな状態 n に見出される確率 $P(E_n)$ は，E_n に対してどんな依存性をもつか．

前節の議論から，式 (4.20) を用いて

4.5 カノニカル分布

$$P(E_n) = \frac{\Omega_A(E_n)\Omega_B(E^0 - E_n)}{\Omega_{AB}(E^0)} = C\Omega_A(E_n)\Omega_B(E^0 - E_n) \quad (4.55)$$

となる．この問題に対しては $\Omega_A(E_n) = 1$ とすればよいから

$$P(E_n) = \frac{\Omega_B(E^0 - E_n)}{\Omega_{AB}(E^0)} = C\Omega_B(E^0 - E_n) \quad (4.56)$$

と書くことができる．物体 A が B より十分小さく，$E_n \ll E^0$ の関係が成り立つことより

$$\ln \Omega_B(E^0 - E_n) = \ln \Omega_B(E^0) - \left(\frac{d\ln \Omega_B(E_B)}{dE_B}\right)_{E_B = E^0} E_n \quad (4.57)$$

$$= \ln \Omega_B(E^0) - \frac{E_n}{k_B T} \quad (4.58)$$

が得られる．ただし，温度として

$$\left(\frac{d\ln \Omega_B(E_B)}{dE_B}\right)_{E_B = E^0} \cong \left(\frac{d\ln \Omega_B(E_B)}{dE_B}\right)_{E_B = E^0 - E_n} \quad (4.59)$$

$$= \frac{1}{k_B T} \quad (4.60)$$

とした．式 (4.58) より

$$\Omega_B(E^0 - E_n) = \Omega_B(E^0) e^{-\frac{E_n}{k_B T}} \quad (4.61)$$

となる．これを式 (4.56) に代入すると，最終的に求める確率 $P(E_n)$ として

$$P(E_n) = A e^{-\frac{E_n}{k_B T}} \quad (4.62)$$

が導かれる．ここで A は E_n に依存しない定数である．この確率分布はカノニカル分布（正準分布）とよばれ，統計物理学におけるもっとも重要，かつきわめて一般的に成立する関係である（J.W. Gibbs, 1901 年）．指数 $e^{-\frac{E_n}{k_B T}}$ はボルツマン因子とよばれている．定数 A は，確率 $P(E_n)$ をすべての状態 n について和をとると 1 でなければならないという規格化条件から

$$A = \frac{1}{\sum_n e^{-\frac{E_n}{k_B T}}} \quad (4.63)$$

となることがわかる．

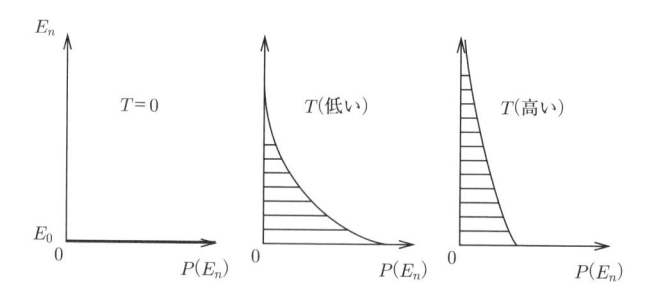

図 4.5 絶対温度とカノニカル分布

カノニカル分布 $P(E_n)$ のエネルギー E_n 依存性について考えてみよう．ある温度 T においては，E_n の増加に対して確率 $P(E_n)$ は指数関数的に単調減少する（図 4.5）．そして，基底状態（そのエネルギーは E_0）がもっとも高い確率をもつ．温度 T が上昇すると，基底状態がもっとも高い確率をもつことに変わりはないが，エネルギーの高い状態をとる確率が低い状態に対して相対的に増加し，E_n に対する減少の仕方が緩やかとなる．これは，定性的には次のように考えることができる．物体 A のエネルギー E_n が増加すると，式 (4.54) から物体 B のエネルギーは減少する．それにともなって状態数 $\Omega_B(E_B)$ が急速に減少し，$P(E_n)$ も減少する．温度が上昇すると，式 (4.25) の定義から，$\frac{d\ln\Omega(E)}{dE}$ が小さくなる．すると E_n の増加に対する $\Omega_B(E_B)$ の減少の仕方がゆるやかとなり，$P(E_n)$ の分布は高いエネルギーまでのびることになる．このように，絶対温度 T は，E_n に対する $P(E_n)$ の減少の早さを決定する変数であるとみなすことができる．

さて，カノニカル分布（式 (4.62)）がきわめて重要である理由は，それを用いて温度 T の熱浴と接しているミクロな系 A に関する任意の物理量の平均値（期待値）を計算できることにある．系 A に関するある物理量 a は，系 A が状態 n にあるとき a_n という値をもつとしよう．このとき，a の平均値 $\bar{a}$ は

$$\bar{a} = \sum_n P(E_n) a_n = \frac{\sum_n a_n e^{-\beta E_n}}{\sum_n e^{-\beta E_n}} \tag{4.64}$$

によって得られる．なお，$\beta = 1/k_B T$ とおいた．また，和はすべての状態 n についてとる必要がある．たとえば物理量 a が系 A のエネルギー E_A である場

合，その平均値 $\bar{E}$ は

$$\bar{E} = \sum_n P(E_n)E_n = \frac{\sum_n E_n e^{-\beta E_n}}{\sum_n e^{-\beta E_n}} \tag{4.65}$$

によって計算される．ここで

$$\sum_n E_n e^{-\beta E_n} = -\sum_n \frac{\partial}{\partial \beta} e^{-\beta E_n} = -\frac{\partial}{\partial \beta} \sum_n e^{-\beta E_n} \tag{4.66}$$

の関係に注目し

$$Z \equiv \sum_n e^{-\beta E_n} \tag{4.67}$$

とおくと

$$\bar{E} = -\frac{1}{Z}\frac{\partial Z}{\partial \beta} = -\frac{\partial \ln Z}{\partial \beta} \tag{4.68}$$

という簡単な形に表すことができる．すべての状態 n に関するボルツマン因子の和 Z は，系 A の分配関数とよばれている．

4.6 カノニカル分布の例

4.6.1 プランク分布

前節の結果（式 (4.68)）を用いて，重要な系のもつエネルギーの平均値を計算しよう．まず，角振動数 ω，波数ベクトル $\mathbf{k}$ および偏光方向の決まった光（電磁波）を考えよう．これは光のモードとよばれる．このモードに含まれる光子の数を n とすると，モードのエネルギー E_n は，

$$E_n = n\hbar\omega + \frac{1}{2}\hbar\omega \tag{4.69}$$

によって表される．ここで，$\frac{1}{2}\hbar\omega$ は零点振動のエネルギーとよばれ，光子数 $n=0$ のときにもモードがもつエネルギーであり，量子力学にしたがう振動子に共通の特性である．このモードが温度 T の物質と熱平衡状態にあるとしよう．この熱平衡状態は，物質によって光子が吸収されたり放出されたりしながら保たれているため，光子数 n は平均値 $\bar{n}$ のまわりで絶えずゆらいでいる．こ

の平均値 $\bar{n}$ を求めよう.そこで,このモードに関する分配関数を求めると,式 (4.67) より

$$Z = \sum_{n=0}^{\infty} e^{-\beta E_n} \qquad (4.70)$$

$$= \sum_{n=0}^{\infty} e^{-\beta(n\hbar\omega + \frac{1}{2}\hbar\omega)} \qquad (4.71)$$

$$= e^{-\frac{1}{2}\beta\hbar\omega} \sum_{n=0}^{\infty} e^{-n\beta\hbar\omega} \qquad (4.72)$$

$$= e^{-\frac{1}{2}\beta\hbar\omega} \frac{1}{1 - e^{-\beta\hbar\omega}} \qquad (4.73)$$

が得られる.すると,モードのエネルギー E_n の平均値 $\bar{E}$ は,式 (4.68) を用いて

$$\bar{E} = -\frac{\partial}{\partial \beta} \ln\left(e^{-\frac{1}{2}\beta\hbar\omega} \frac{1}{1 - e^{-\beta\hbar\omega}}\right) \qquad (4.74)$$

$$= -\frac{\partial}{\partial \beta} \left(\ln e^{-\frac{1}{2}\beta\hbar\omega} + \ln \frac{1}{1 - e^{-\beta\hbar\omega}}\right) \qquad (4.75)$$

$$= \frac{1}{2}\hbar\omega + \frac{\hbar\omega e^{-\beta\hbar\omega}}{1 - e^{-\beta\hbar\omega}} \qquad (4.76)$$

$$= \frac{1}{2}\hbar\omega + \frac{\hbar\omega}{e^{\beta\hbar\omega} - 1} \qquad (4.77)$$

$$= \frac{1}{2}\hbar\omega + \frac{\hbar\omega}{e^{\frac{\hbar\omega}{k_\mathrm{B} T}} - 1} \qquad (4.78)$$

と導かれる.この結果を式 (4,69) と比較すると,光子数 n の平均値として

$$\bar{n} = \frac{1}{e^{\frac{\hbar\omega}{k_\mathrm{B} T}} - 1} \qquad (4.79)$$

が得られる.これはプランク分布とよばれている.この分布にもとづいて黒体放射(たとえば溶鉱炉の中の光や電球の光)のスペクトルを計算できるが,それにより測定結果をはじめて説明できたことが量子力学のはじまりであった (M. Planck, 1900 年).一般に,固有角振動数 ω をもつ量子力学的な調和振動子は,式 (4.69) で表されるエネルギーをもつことが知られている.したがって,式 (4.78) は,温度 T で熱平衡状態にある量子力学的調和振動子のエネルギーの平

均値として，きわめて一般的に成立する．なお，絶対温度 T が十分高いとき，すなわち $k_\mathrm{B}T \gg \hbar\omega$ のとき，

$$\bar{E} = \frac{1}{2}\hbar\omega + \frac{\hbar\omega}{e^{\frac{\hbar\omega}{k_\mathrm{B}T}} - 1} \tag{4.80}$$

$$\cong \frac{1}{2}\hbar\omega + \frac{\hbar\omega}{1 + \frac{\hbar\omega}{k_\mathrm{B}T} - 1} \tag{4.81}$$

$$\cong k_\mathrm{B}T \tag{4.82}$$

が得られ，$\bar{E}$ は T に比例する．

4.6.2 等 分 配 則

次に，運動状態を古典的に（ニュートン力学で）近似して記述できる粒子からなる気体を考えよう．この気体が温度 T の熱平衡状態にあるとき，気体中の一つの粒子がもつ運動エネルギーの平均値を求めよう．古典的な場合，ある粒子の運動状態は，その座標と運動量の x, y, z 成分によって決定される．粒子が N 個ある場合，$3N$ 個の座標成分の組

$$(x_1, x_2, x_3, x_4, x_5, x_6, \cdots, x_{3N-2}, x_{3N-1}, x_{3N}) \tag{4.83}$$

と，$3N$ 個の運動量成分の組

$$(p_1, p_2, p_3, p_4, p_5, p_6, \cdots, p_{3N-2}, p_{3N-1}, p_{3N}) \tag{4.84}$$

を合わせた $6N$ 個の変数の組

$$(x_1, \cdots, x_{3N}, p_1, \cdots, p_{3N}) \tag{4.85}$$

によって気体全体の運動状態を記述することができる．x および p に対する添字は，各粒子の x, y, z 成分を通し番号で表している．ある粒子（質量 m）に着目した場合，その x 方向の運動に関する運動エネルギーは，たとえば

$$E_j(p_j) = \frac{p_j^2}{2m} \tag{4.86}$$

と書くことができる．すると気体全体のエネルギー E は

$$E = \sum_{i=1}^{3N} E_i(P_i) + V(x_1, \cdots, x_{3N}) \tag{4.87}$$

と表すことができる．ただし，V は粒子間の相互作用によるポテンシャルエネルギーを表し，全粒子の座標によって決まる．ここで，ある粒子がもつ運動エネルギー $E_j(p_j)$ の平均値を求めるために，気体全体のエネルギー E を

$$E = E_j(p_j) + \sum_{i=1, i \neq j}^{3N} E_i(P_i) + V(x_1, \cdots, x_{3N}) \tag{4.88}$$

$$= E_j(p_j) + E' \tag{4.89}$$

のように分けて書くことにする．ただし

$$E' = \sum_{i=1, i \neq j}^{3N} E_i(P_i) + V(x_1, \cdots, x_{3N}) \tag{4.90}$$

は運動量成分 p_j には依存しない．

さて，気体全体の状態として，$6N$ 個の変数が

$$(x_1, \cdots, x_{3N}, p_1, \cdots, p_{3N}) \tag{4.91}$$

から

$$(x_1 + dx_1, \cdots, x_{3N} + dx_{3N}, p_1 + dp_1, \cdots, p_{3N} + dp_{3N}) \tag{4.92}$$

の範囲の値をもつ確率 P は，その状態における気体のエネルギーを E として

$$P = Ce^{-\beta E} dx_1 \cdots dx_{3N} dp_1 \cdots dp_{3N} \tag{4.93}$$

というカノニカル分布にしたがうと期待される．ここで，C は定数，$\beta = 1/k_\mathrm{B} T$ である．なお，古典力学においては，状態を記述する変数である座標 x や運動量 p という量が連続的であるために，量子論的記述における状態の数 Ω という概念は存在しない．しかし，1個の粒子について，その座標が x から $x+dx$ の範囲にあり，かつ，運動量が p から $p+dp$ の範囲にあるとき，その運動状態には

$$\Omega = \frac{dx \cdot dp}{h} \tag{4.94}$$

の数のミクロな状態が対応することが知られている．なお，h はプランク定数である．この関係は，古典力学と量子力学との対応関係から得られるが，本書の範囲を超えるので，ここでは仮定として認めていただくことにしよう．（定性的には，位置と運動量に関する不確定性，式 (3.77), を用いて理解することが

4.6 カノニカル分布の例

できる.）すると，式 (4.93) が成立することになり，運動エネルギー $E_j(p_j)$ の平均値は

$$\langle E_j(p_j)\rangle = \frac{\int\cdots\int E_j(p_j)e^{-\beta E}dx_1\cdots dx_{3N}dp_1\cdots dp_{3N}}{\int\cdots\int e^{-\beta E}dx_1\cdots dx_{3N}dp_1\cdots dp_{3N}} \quad (4.95)$$

と表すことができる．それぞれの積分は $(-\infty \sim \infty)$ の範囲で行う．この表式の中で，エネルギー E を式 (4.89) のように分けて書くことにより

$$\langle E_j(p_j)\rangle \quad (4.96)$$

$$= \frac{\int\cdots\int E_j(p_j)e^{-\beta\{E_j(p_j)+E'\}}dx_1\cdots dx_{3N}dp_1\cdots dp_{3N}}{\int\cdots\int e^{-\beta\{E_j(p_j)+E'\}}dx_1\cdots dx_{3N}dp_1\cdots dp_{3N}} \quad (4.97)$$

$$= \frac{\int E_j(p_j)e^{-\beta E_j(p_j)}dp_i \int\cdots\int e^{-\beta E'}dx_1\cdots dx_{3N}dp_1\cdots dp_{3N}}{\int e^{-\beta E_j(p_j)}dp_i \int\cdots\int e^{-\beta E'}dx_1\cdots dx_{3N}dp_1\cdots dp_{3N}} \quad (4.98)$$

$$= \frac{\int E_j(p_j)e^{-\beta E_j(p_j)}dp_i}{\int e^{-\beta E_j(p_j)}dp_i} \quad (4.99)$$

という簡単な形に書くことができる．これはさらに

$$\frac{\int E_j(p_j)e^{-\beta E_j(p_j)}dp_i}{\int e^{-\beta E_j(p_j)}dp_i} = \frac{-\frac{\partial}{\partial\beta}\left(\int e^{-\beta E_j(p_j)}dp_i\right)}{\int e^{-\beta E_j(p_j)}dp_i} \quad (4.100)$$

$$= -\frac{\partial}{\partial\beta}\ln\left(\int e^{-\beta E_j(p_j)}dp_i\right) \quad (4.101)$$

と書き換えることができる．ここで

$$E_j(p_j) = \frac{p_j^2}{2m} = ap_j^2 \quad (4.102)$$

と書き，積分変数を p_j から $s = \sqrt{\beta}p_j$ に変換すると

$$\int e^{-\beta E_j(p_j)}dp_i = \int e^{-\beta ap_j^2}dp_i \quad (4.103)$$

$$= \frac{1}{\sqrt{\beta}}\int e^{-as^2}ds \quad (4.104)$$

となる．したがって，求める平均値として

$$\langle E_j(p_j) \rangle = -\frac{\partial}{\partial \beta} \ln \left(\frac{1}{\sqrt{\beta}} \int e^{-as^2} ds \right) \tag{4.105}$$

$$= -\frac{\partial}{\partial \beta} \left(\ln \frac{1}{\sqrt{\beta}} + \ln \int e^{-as^2} ds \right) \tag{4.106}$$

$$= -\frac{\partial}{\partial \beta} \ln \frac{1}{\sqrt{\beta}} - \frac{\partial}{\partial \beta} \ln \int e^{-as^2} ds \tag{4.107}$$

$$= -\frac{\partial}{\partial \beta} \ln \frac{1}{\sqrt{\beta}} \tag{4.108}$$

$$= \frac{1}{2\beta} \tag{4.109}$$

$$= \frac{1}{2} k_\mathrm{B} T \tag{4.110}$$

が得られる．このようにして，古典的に記述される粒子が絶対温度 T の熱平衡状態にあるとき，その運動エネルギーの平均値は，質量には依存せず

$$\left\langle \frac{p^2}{2m} \right\rangle = \frac{1}{2} k_\mathrm{B} T \tag{4.111}$$

となり，絶対温度 T に比例することが導かれる．式 (4.110) では，運動量 p_j の 2 乗に比例する運動エネルギーの平均値が得られたが，もちろんこの結果は，どの粒子の，x, y, z のどの方向についても同じになるはずである．したがって，粒子の運動を 3 次元で考えると，運動エネルギーの平均値として

$$\left\langle \frac{p^2}{2m} \right\rangle = \left\langle \frac{p_x^2}{2m} + \frac{p_y^2}{2m} + \frac{p_z^2}{2m} \right\rangle \tag{4.112}$$

$$= \left\langle \frac{p_x^2}{2m} \right\rangle + \left\langle \frac{p_y^2}{2m} \right\rangle + \left\langle \frac{p_z^2}{2m} \right\rangle \tag{4.113}$$

$$= \frac{3}{2} k_\mathrm{B} T \tag{4.114}$$

が得られる．また，もしポテンシャルエネルギーとして座標 x_j の 2 乗に比例する項 $\langle Ax^2 \rangle$ があり，その項以外のエネルギーには x_j が含まれないとすると，p_j に対する先の議論とまったく同様にして

$$\langle Ax_j^2 \rangle = \frac{1}{2} k_\mathrm{B} T \tag{4.115}$$

が成り立つことがわかる．これらの結果は等分配則とよばれている．

等分配則を用いると，次のような系のエネルギーの平均値を簡単に得ることができる．たとえば，ばねにつながれた粒子が温度 T の熱浴と接触しているとしよう．粒子 (質量 m) の運動を 1 次元で考え，古典的に記述できるものとする．また，ばね定数を k とする．等分配則を適用すると，この系のもつ力学的エネルギーの平均値として

$$\left\langle \frac{p^2}{2m} + \frac{1}{2}kx^2 \right\rangle = \left\langle \frac{p^2}{2m} \right\rangle + \left\langle \frac{1}{2}kx^2 \right\rangle \tag{4.116}$$

$$= \frac{1}{2}k_\mathrm{B}T + \frac{1}{2}k_\mathrm{B}T \tag{4.117}$$

$$= k_\mathrm{B}T \tag{4.118}$$

が得られ，絶対温度 T に比例することがわかる．なおこの結果は，量子力学的な調和振動子に対して得られた式 (4.78) において，温度が十分に高い（$k_\mathrm{B}T \gg \hbar\omega$）として得られる表式 (4.82)，$\bar{E} \cong k_\mathrm{B}T$，と一致することに注意しておこう．

4.7 自由エネルギー

温度 T にある物体を考えよう．その物体が外部から微小な熱量 Q を吸収するとき，それにともなう物体のエントロピー変化 ΔS は，式 (4.44) より

$$\Delta S = \frac{Q}{T} \tag{4.119}$$

である．熱量の吸収と並行して，たとえば化学反応のような非可逆過程が物体の内部で進行しているとしよう．すると，それにともなうエントロピー増加が物体中で起こるため

$$\Delta S > \frac{Q}{T} \tag{4.120}$$

という不等号が成り立つ．ここで熱量 Q はやりとりしたエネルギーの量であり，エントロピー S や絶対温度 T のような物体の状態を表す量（状態変数）ではない．この一般的な関係を物体の状態変数だけで表すことができると便利である．そこで，吸収する熱量 Q とこの物体のエネルギー E の変化 ΔE との関係を考えよう．エネルギー E は，熱量の吸収以外にも，物体が外部から仕事 W をされる過程が存在すると増加する．すなわち

$$\Delta E = Q + W \tag{4.121}$$

が成り立つ（熱力学の第 1 法則）．この物体の体積を V，圧力を P とすると，仕事 W は

$$W = -P\Delta V \tag{4.122}$$

と表すことができる．ここでマイナス符号が付いている理由は，物体の体積が減少する ($\Delta V < 0$) ときに外部から仕事を受け ($W > 0$)，エネルギー E が増加することに対応させるためである．こうして

$$\Delta E = Q - P\Delta V \tag{4.123}$$

と書くことができる．右辺の Q を式 (4.120) に代入して

$$\Delta E - T\Delta S + P\Delta V < 0 \tag{4.124}$$

が得られる．

さて，この非可逆過程が一定の圧力 P と温度 T の下で起こるとしよう．これは，たとえば化学反応の起こる条件としてよくみられるものである．このとき，$\Delta P = 0, \Delta T = 0$ を用いて，

$$\Delta(E - TS + PV) = \Delta E - \Delta T \cdot S - T\Delta S + \Delta P \cdot V + P\Delta V \tag{4.125}$$
$$= \Delta E - T\Delta S + P\Delta V \tag{4.126}$$

が成り立つことから，式 (4.124) は

$$\Delta(E - TS + PV) = \Delta G < 0 \tag{4.127}$$

と表すことができる．ここで

$$G \equiv E - TS + PV \tag{4.128}$$

は，ギブスの自由エネルギーとよばれている．G は物体の状態変数のみから定義されていることに注意しよう．すなわち，G も状態変数である．このようにして，圧力と温度が一定という条件下では，その系のギブスの自由エネルギー G が減少する方向に現象が進行することがわかる．そして，熱平衡状態において G は最小値をとる．したがって，ある過程において自由エネルギーが増加するのであれば，その過程は自然には起こらないといえる．しかし，系の一部において自由エネルギーが増加することがあっても，他の部分において自由エネルギーが減少し，それらを合わせた過程として自由エネルギーが減少するので

4.7 自由エネルギー

あれば，それは自然に起こりうることに注意しておこう．

今度はこの非可逆過程が，一定の体積 V と温度 T の下で起こるとしよう．このとき式 (4.124) は，$\Delta V = 0, \Delta T = 0$ を用いて，

$$\Delta E - T\Delta S = \Delta(E - TS) \tag{4.129}$$
$$= \Delta F < 0 \tag{4.130}$$

と表すことができる．ここで

$$F \equiv E - TS \tag{4.131}$$

は，ヘルムホルツの自由エネルギーとよばれている．F も物体の状態変数であることに注意しよう．このように，体積と温度が一定という条件下では，その系のヘルムホルツの自由エネルギーが減少する方向に現象が進行する．そして，熱平衡状態において最小値をとる．

温度 T，圧力 P の熱浴 B の中にある物体 A を考えよう．物体 A で非可逆過程が起こるとき，その体積膨張による熱浴に対する仕事 $-P\Delta V$ 以外に，(たとえば電気的な) 仕事 W を熱浴以外の外部系 (ただしこの系と熱のやりとりはしない) に対してすることができるとしよう．仕事 W の符号は，A が外部系に対して仕事をするときに負ととることにすると，物体 A のエネルギーの微小変化 ΔE は，A が熱浴から吸収する熱量を Q として

$$\Delta E = -P\Delta V + Q + W \tag{4.132}$$

と表すことができる．もし熱浴 B がないとすると $\Delta E = W$ であり，仕事 W は A のエネルギー変化と一致する．しかし，熱浴のある場合，W の値は A のエネルギー変化だけでは決まらない．このとき仕事 W の最大値は何によって決まるのだろうか．これは，たとえば，化学反応によって取り出すことのできる電気的エネルギーの最大値を知りたい，という問題と同じである．熱浴のエントロピー変化を ΔS_B とすると，

$$\Delta S_B = \frac{-Q}{T} \tag{4.133}$$

であるから，

$$\Delta E = -P\Delta V - T\Delta S_B + W \tag{4.134}$$

と表される．ここで，物体 A と熱浴を合わせた系全体のエントロピーは増加するから，物体 A のエントロピー変化を ΔS として

$$\Delta S + \Delta S_B \geq 0 \tag{4.135}$$

であることに注目すると，

$$W = \Delta E + T\Delta S_B + P\Delta V \tag{4.136}$$
$$\geq \Delta E - T\Delta S + P\Delta V \tag{4.137}$$
$$= \Delta(E - TS + PV) \tag{4.138}$$
$$= \Delta G \tag{4.139}$$

となり

$$W \geq \Delta G \tag{4.140}$$

が導かれる．両辺の符号を変えると

$$-W \leq -\Delta G \tag{4.141}$$

が成り立つ．物体 A の非可逆過程においては $\Delta G < 0$ である．式 (4.141) は，物体 A が外部に対してなす体積膨張以外の（たとえば電気的な）仕事の大きさの最大値は，ギブスの自由エネルギーの変化の大きさと等しいことを意味している．

一方，物体 A の非可逆過程が一定の温度 T と体積 V のもとで起こる場合には

$$W = \Delta E + T\Delta S_B \tag{4.142}$$
$$\geq \Delta E - T\Delta S \tag{4.143}$$
$$= \Delta(E - TF) \tag{4.144}$$
$$= \Delta F \tag{4.145}$$

より

$$W \geq \Delta F \tag{4.146}$$

が導かれる．両辺の符号を変えると

$$-W \leq -\Delta F \tag{4.147}$$

が成り立つ．この場合，物体 A の非可逆過程においては $\Delta F < 0$ である．式 (4.147) は，物体 A が外部に対してなす仕事の大きさの最大値は，ヘルムホルツの自由エネルギーの変化の大きさと等しいことを意味している．

このように，物体が外部系に対してなすことのできる仕事（体積変化以外）の最大値は，全系のエントロピーが増大するという一般的条件によって決定される．そして，それを物体の状態変数である自由エネルギーの変化によって表すことができるのである．これは，たとえば生体内の化学反応によって取り出すことのできる仕事量を評価する際にも用いられている．

非平衡系における秩序形成

 系が平衡状態にあるとき，その系のエントロピーは最大値をもつ．そのときマクロなスケールの空間的あるいは時間的な規則性や秩序は現れず，均一になってしまう．それは，もし規則性が生じると，それに対応するミクロな状態数は減少し，エントロピーが最大値とならないからである．しかし非平衡状態であれば，マクロなスケールの規則性が生じることはエントロピーの増大則に抵触することはない．たとえば，生命現象は非平衡状態において存在する高度な秩序状態ともいえる．ここでは，非平衡状態におけるマクロな空間的・時間的秩序をもつ系として二つの例を見てみよう．

化学振動反応

 Belousov-Zhabotinsky 反応（BZ 反応）は，空間的あるいは時間的な振動を示す化学振動反応として知られている．臭素酸イオン，マロン酸，硫酸，金属触媒からなる混合溶液をセルの中で攪拌しながら観察していると，溶液全体が赤色の状態になったり青色の状態になったりして，二つの状態の間を行ったり来たり，時間的に振動するのである（カラー口絵-7）．溶液の色の違いは，フェロインというイオンの酸化状態（青色）と還元状態（赤色）に対応している．また，この溶液をシャーレの上に広げておくと，青色状態と赤色状態があたかも波のように同心円状に広がり，またある場合にはらせん状に拡がったりする様子が観察できる．溶液の反応全体としては酸化還元反応であり，その平衡状態に向かって進行していく．しかし，ある成分（フェロイン）に注目すると，その濃度は増加と減少を繰り返し，振動しながら平衡状態の値へと近づいていくのである．非平衡状態において，時間的・空間的な秩序状態をつくりながら平衡状態へと近づいていく系として興味深い．そのため，現象論的解析の対象としてよく研究で取り上げられている．もちろん最終的な熱平衡状態に到達すると，

このような秩序状態は消えてしまう．

レーザー

第2章の終りにふれたように，レーザー光の特徴はその位相が空間的，時間的にそろっていることである．どのようにして位相がそろうのだろう．レーザーには多数の種類があるが，共通の原理をみてみよう（カラー口絵-3）．たとえば色素レーザーの場合，その色素分子がレーザー光を発する媒質となる．さて，レーザー光が発生する（レーザー発振する）ためには，固体中の電子状態において，電子が基底状態よりも励起状態により多く分布する'反転分布'という非平衡状態をつくることが必要である．熱平衡状態では基底状態の分布数の方が多いので，反転分布をつくるためには外部からエネルギーを与え，電子を励起状態に遷移させることが必要になる．これをポンピングという．色素レーザーの場合は，もう一つのレーザー光（たとえばアルゴンレーザー）を用いてポンピングが行われる．さて，励起状態に上がった電子は，やがて光を放出（これは自然放出）して基底状態にもどる．この光が励起状態にある他の原子に入射すると，その中の電子は光を放出（これが誘導放出）して基底状態にもどる．このときに放出される光は，入射した光と位相，角振動数，波数そして偏光がそろっているのである．そのため，誘導放出された光と入射した光の電場の和は干渉によって大きくなる．こうして，誘導放出が起こると，入射した光の強度は強くなる．これを光の増幅という．光が入射したとき，基底状態にある電子がそれを吸収して励起状態に上がる過程も起こる．このとき入射光は弱くなる．しかし反転分布ができていると，正味の効果としては増幅されることになる．一方，蛍光灯のような光源の場合，それぞれの原子の発光は自然放出によるものであり，出てきた光の位相はばらばらである．なお，レーザーは，Light Amplification by Stimulated Emission of Radiation（輻射の誘導放出による光の増幅）の頭文字をとったものである．

さて，どのレーザーでも，媒質の両側に2枚の鏡が平行に置かれてい

る．誘導放出によって増幅されながら進む光は，その2枚の鏡の間を反射しながら何回も往復する．その間，光はどんどん強くなるが，ポンピングのエネルギーは有限であるので，増幅される割合は減少してくる．一方，光はいろいろな原因による損失を受ける．そして，光のエネルギーの増幅による増加と損失による減少がバランスしたとき，鏡の間でレーザー発振が起こる．鏡の反射率を適当に設定すると，鏡からレーザー光を取り出すことができる．これがレーザーの出力光である．このようにして得られるレーザー光は，時間的・空間的に位相のそろった光である．さらに，レーザー自身のもつ多数の異なる振動数の光（縦モードという）の位相をそろえると，フェムト秒程度のきわめて時間幅の狭い光パルスが周期的に発生する．これはモード同期レーザーとよばれている．チタンファイアレーザーにおけるモード同期によって100フェムト秒程度の時間幅をもつパルス光が形成される過程では，強度が振動しながら，一時的に時間幅の広いインヒーレントなパルスを経て狭いパルスに成長する過程が観測される（カラー口絵-8）．

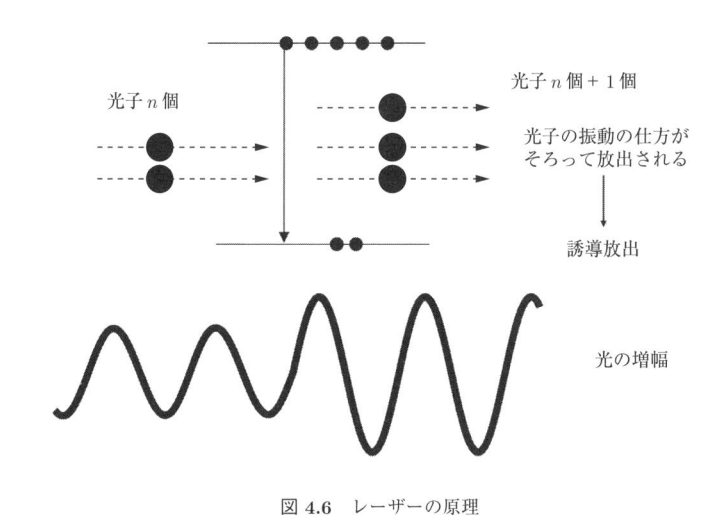

図 4.6 レーザーの原理

5

ゆらぎと緩和過程

　生体中のさまざまな高分子は，非平衡状態の中でそれぞれの機能を発揮している．その高分子のまわりには多数の水分子などが存在してランダムな熱運動をしている．その熱運動は高分子の運動にゆらぎをもたらし，機能の発現にも影響すると考えられている．熱ゆらぎはどのように特徴づけられるのだろうか．第 4 章でふれたように，熱平衡状態において系のエントロピーは最大になる．ある物理量 X（たとえばエネルギー）に着目すると，エントロピー最大という条件によりその平均値 $\langle X \rangle$ は決まる．しかし，量 X は，その平均値のまわりで絶えずランダムにゆらいでいて，そのゆらぎにはミクロな自由度の情報が反映されている．また，外部から作用が加わって，系が平衡状態から非平衡状態に移されたとすると，その後，系は自然に元の平衡状態へともどっていく．このときエネルギーや位相の緩和過程が起こるが，そこでは系のゆらぎが重要な役割を果たすことになる．このような過程を観測するには，光を用いた測定がきわめて有効である．本章では，ゆらぎや緩和過程を光学的に観測した例をいくつか紹介する．

5.1 ブラウン運動

　液体中の微小な粒子の運動を顕微鏡で観察すると，一見ランダムに運動する様子が観測される．これはブラウン運動とよばれ，液体分子の熱運動によって粒子がランダムな力を受けることに原因がある（図 5.1）．一般に，マクロな物理量にはミクロ粒子の熱運動に由来するゆらぎが存在する．そのゆらぎには

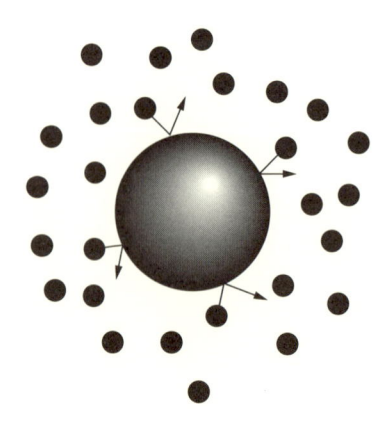

図 5.1 ブラウン運動

ミクロな自由度に関する情報が含まれている．液体中の粒子のブラウン運動は，ゆらぎの観測からミクロな粒子の運動に関する情報が解析された歴史的に最初の例である．

着目する微小な粒子の質量を m とし，座標を x とする 1 次元の運動を考えよう．そして，はじめ時刻 $t=0$ に $x=0$ にあった粒子が，ランダムな運動をしながらある時間 t たった後に存在する座標 x を観測する．そしてこの実験を何回も繰り返して行い，x の 2 乗平均 $\langle x^2 \rangle$ を求めることができる．なお，粒子は特定の方向に向かって運動することはないので，$\langle x(t) \rangle = 0$ である．この粒子に関するニュートンの運動方程式は，$v = \frac{dx}{dt}$ とすると

$$m\frac{dv}{dt} = -\gamma v + F(t) \tag{5.1}$$

と書ける．ここで，$F(t)$ は液体からこの粒子にはたらくランダムな力である．また，$-\gamma v$ は液体から粒子にはたらく抵抗力であり，その大きさは速度 v に比例し (比例定数 γ)，速度の逆方向を向くとする．この運動方程式はランジュバン方程式とよばれている．さて，x の 2 乗平均 $\langle x^2 \rangle$ の時間変化は

$$\frac{d}{dt}\langle x^2 \rangle = \left\langle \frac{d}{dt}x^2 \right\rangle = \left\langle 2x\frac{d}{dt}x \right\rangle = 2\langle xv \rangle \tag{5.2}$$

と書くことができる．そこで，運動方程式 (5.1) の両辺に x を掛けて平均をと

ると

$$m\left\langle x\frac{dv}{dt}\right\rangle = -\gamma\langle xv\rangle + \langle xF(t)\rangle \tag{5.3}$$

となる．ここで左辺を

$$m\left\langle x\frac{dv}{dt}\right\rangle = m\left\langle \frac{d}{dt}(xv)\right\rangle - m\langle v^2\rangle \tag{5.4}$$

$$= m\frac{d}{dt}\langle (xv)\rangle - m\langle v^2\rangle \tag{5.5}$$

と書き直せることに注目し，運動エネルギーの平均値に関して等分配則 (式 (4.111))

$$\frac{1}{2}m\langle v^2\rangle = \frac{1}{2}k_\mathrm{B}T \tag{5.6}$$

を用いると

$$m\left\langle x\frac{dv}{dt}\right\rangle = m\frac{d}{dt}\langle xv\rangle - k_\mathrm{B}T \tag{5.7}$$

と書くことができる．一方，式 (5.3) の右辺において，ランダムな力 $F(t)$ と粒子の座標 x とはまったく独立な量であることから

$$\langle xF(t)\rangle = \langle x\rangle\langle F(t)\rangle = 0 \tag{5.8}$$

である．したがって，式 (5.3)，(5.7)，(5.8) より

$$m\frac{d}{dt}\langle xv\rangle - k_\mathrm{B}T = -\gamma\langle xv\rangle \tag{5.9}$$

が得られる．この $\langle xv\rangle$ に関する微分方程式を解くと

$$\langle xv\rangle = \frac{k_\mathrm{B}T}{\gamma}\left(1 - e^{-\frac{\gamma}{m}t}\right) \tag{5.10}$$

となることは，実際に代入すれば確認できる．ただし，$t=0$ においては，$x=0$ としたので $\langle xv\rangle = 0$ である．この結果を式 (5.2) に代入し時間 t で積分すれば，2乗平均として

$$\langle x^2\rangle = \frac{2k_\mathrm{B}T}{\gamma}\left(t + \frac{m}{\gamma}e^{-\frac{\gamma}{m}t} - \frac{m}{\gamma}\right) \tag{5.11}$$

が導かれる．ここで，時間 t として，$t \gg \frac{m}{\gamma}$ を満たすような十分長い時間を考

えると
$$\langle x^2 \rangle = \frac{2k_{\mathrm{B}}T}{\gamma}t \tag{5.12}$$
となり，2乗平均は時間 t に比例して大きくなるという結果が導かれる．また，半径 a をもつマクロな球状の粒子が粘性係数 η の液体中を運動する場合，定数 γ に対して
$$\gamma = 6\pi\eta a \tag{5.13}$$
が成り立つ（ストークスの法則）ことを用いると
$$\langle x^2 \rangle = \frac{k_{\mathrm{B}}T}{3\pi\eta a}t \tag{5.14}$$
が得られる．実験から，時間 t 後の x の2乗平均 $\langle x^2 \rangle$，液体の粘性係数 η，粒子の半径 a，そして温度 T が決定されれば，ボルツマン定数 k_{B} を決定することができる．

一方，圧力 P，体積 V，温度 T をもつ1モルの理想気体に対して，状態方程式
$$PV = RT \tag{5.15}$$
が成り立つことが知られている．また気体分子運動論から，気体定数 R は
$$R = N_A k_{\mathrm{B}} \tag{5.16}$$
と表すことができる．ここで，N_A は1モル中の粒子数（アヴォガドロ数）である．ボルツマン定数 k_{B} をブラウン運動の解析から得られれば，気体の実験から R の値を得ることができるので，式 (5.16) より N_A を決めることができる．このことは，アインシュタインによって最初に指摘された (A. Einstein, 1905 年)．

ペランらは，ブラウン粒子の運動の様子を，一定の時間間隔で詳細に記録した（カラー口絵-6）．その解析から，アヴォガドロ数 N_A として，$5.6 \sim 8.8 \times 10^{23}$ という値を得た (A. Perrin, 1910 年)．その値は，当時，分子運動論にもとづく気体の実験の解析から得られていた値 6×10^{23} と矛盾しないものであった．このことはきわめて重要な意味をもっていた．というのも，当時，物質がミクロな粒子から構成され，物質の熱エネルギーはそれらのミクロな運動によるものであるという分子運動論を直接証明する実験事実は得られていなかったので

ある．このブラウン運動の観察と解析により，そのことが初めて実際に実験的に示されたのである．

このようなブラウン粒子の運動と同様に，物理量は一般に熱運動によるゆらぎをともなっている．たとえば生体中のタンパク質も，まわりにある水分子の熱運動によるゆらぎの中でその機能を発揮している．最近，生体分子モーターであるミオシン分子が，アクチンフィラメント上で熱運動によるランダムなゆらぎを伴いながら一方向に向かって運動する様子が観測されている（カラー口絵-6）．

5.2 電子状態のゆらぎと光学過程

5.2.1 光吸収・発光・散乱

本節では，物質中のミクロなゆらぎを明らかにしてくれる光学過程について，その基本的な考え方を紹介したい．最初に，分子によって一つの光子が吸収あるいは放出される場合を考えよう（図5.2）．これらは1次光学過程とよばれている．光の波長が可視光の領域（400〜800 nm）であれば，分子中の電子状態間の遷移が重要となる．第3章でみたように，ある分子において，電子の定常状態（エネルギーが一定の状態）のエネルギーはとびとびの値をもっている．

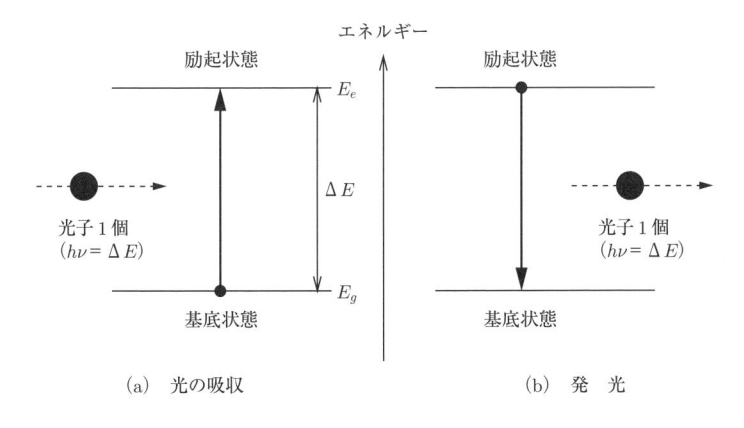

図 5.2 光の吸収と発光

その中から，光による遷移に関係する二つの状態として，エネルギーの低い基底状態と高い励起状態とを考え，それらのエネルギーを E_g および E_e，エネルギー差を $\Delta E = E_e - E_g$，とする．最初に電子が基底状態にあり，そこに振動数 ν の光が入射すると，電子は1個の光子のエネルギーをもらって励起状態へと遷移することができる．そして，入射した光子のうち1個が消滅する．このとき

$$\Delta E = h\nu \tag{5.17}$$

の関係が成り立たなければならない．なぜなら，吸収の前後で，電子と光子のエネルギーの和は一定であるというエネルギー保存則を満足しなければならないからである．このことは，光子が放出される発光においても同じである．最初に電子は励起状態にあるとする．この電子はエネルギー $h\nu$ をもつ光子を放出して基底状態に遷移することができる．このときも，エネルギー保存則が満たされるためには，$\Delta E = h\nu$ の関係が成り立つ必要がある．したがって，吸収や発光にともなう光子のエネルギー $h\nu$ から電子状態間のエネルギー差 ΔE に関する情報が得られることになる．

次に，二つの光子が関与する光散乱について考えよう（図 5.3）．これは2次光学過程とよばれている．光散乱の身近な例の一つは，空の青い色である．太陽から地球に到達した光の一部は，地球の上空の大気によって散乱されて私たちの目に入ってくる．もし大気による散乱がなければ，月面から宇宙を見るのと同様に（あるいは夜空のように）地上から星が見えることになる．（青く見える理由は，振動数 ν の高い（青い）光ほど散乱確率が高いためである．）最初に

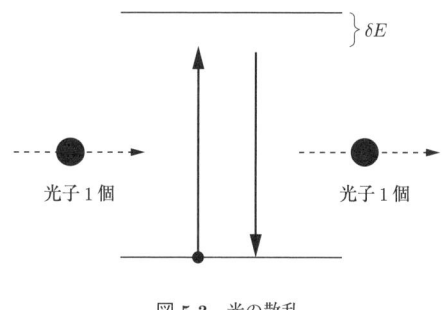

図 5.3 光の散乱

5.2 電子状態のゆらぎと光学過程

分子は基底状態にあり，そこに ΔE よりも小さいエネルギー $h\nu$ をもつ光子が入射する．すると分子は光子を吸収して励起状態に遷移し，ごく短時間のうちに光子（散乱光）を放出して基底状態にもどる．これが光散乱である．この過程をエネルギー保存則からみると，$h\nu < \Delta E$ であることから，光子のエネルギーが足りず電子が励起状態に遷移することはできないように思われる．しかし，非常に短時間の間だけなら励起状態に上がることができるのである．これには，3.4 節で述べた「時間とエネルギーの不確定性関係」が関係している．エネルギー E の定常状態における電子の波動関数は，時間 t に対して $e^{-Et/\hbar}$ のように振動するが，波動関数が δt 程度の間しかきれいに振動しない電子のエネルギーには不確定さ δE があり

$$\delta E \sim \frac{\hbar}{\delta t} \tag{5.18}$$

くらいの精度でしか決まらないのである．そこで，$\delta E = \Delta E - h\nu$ とすると

$$\delta t = \frac{\hbar}{\delta E} \tag{5.19}$$

程度の非常に短い時間内であれば，エネルギー保存則は要求されず，電子は励起状態に上がることができる．そしてこの非常に短い時間内に光子を放出して基底状態にもどってくる．光子を放出する過程でも $h\nu < \Delta E$ であり，エネルギー保存則は成り立たないが，この δt の時間内であれば問題ない．エネルギーは，最初の状態（電子基底状態と光子）と最後の状態（電子基底状態と光子）で同じであればよいのである．さらに，非常に短時間のうちであれば，分子が基底状態から励起状態に遷移しながら光子を"放出"し，励起状態から基底状態にもどるときに入射した光子が"吸収"されるということも可能である．実際，光散乱の確率振幅は，これら二つの過程に対応する確率振幅の和である．これは量子力学の特異性をよく表しているともいえる．

このように，入射する光子のエネルギー $h\nu$ が ΔE と一致していなくても光散乱は起こるが，それが起きる確率は，$h\nu$ が ΔE に近づいて $\Delta E = h\nu$ を満たすときに非常に大きくなる．このときの光散乱は「共鳴光散乱」とよばれている（図 5.4）．さて，$\Delta E = h\nu$ を満たす光子が分子に入射したとすると，共鳴光散乱だけでなく，光の吸収およびそれに引き続く発光という過程も起こる

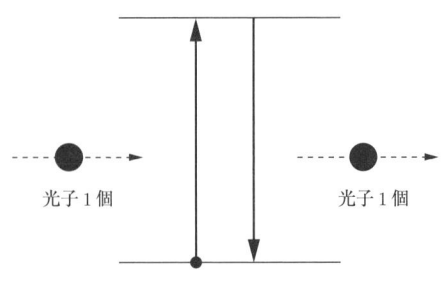

図 5.4　共鳴光散乱

はずである．図 5.4 と図 5.2 を比較するとわかるように，光子 1 個が分子に入射しその光子が消滅して光子 1 個が放出されることでは，それらの過程は同じである．光の吸収に引き続いて起こる発光と共鳴光散乱との違いはどこにあるのだろうか．

この問題は，以下に示すように，緩和現象と密接に関係している．光子が分子に入射した後の過程を，もう少し詳しく見てみよう．分子に光が入射すると，電子と光との相互作用によって電子状態 ϕ は基底状態 ϕ_g と励起状態 ϕ_e との重ね合わせの状態

$$\phi = c_g \phi_g + c_e \phi_e \tag{5.20}$$

となる．このとき，ϕ_g と ϕ_e は互いの振動の位相関係を保っており，コヒーレントな状態といえる．この状態にある分子が，そのまわりにある他の粒子と衝突したとしよう．まわりの粒子との衝突は，たとえば室温の液体中では頻繁に起こっている．衝突が起こると，それによって電子の運動状態が影響を受ける．そして ϕ_g と ϕ_e の位相関係が乱され，式 (5.20) の重ね合わせの状態は壊れてしまう．このような位相関係が乱される過程は位相緩和過程とよばれている．その結果，電子は重ね合わせの状態ではなく，基底状態 ϕ_g か励起状態 ϕ_e のどちらかの状態のみをとることになる．もし電子が励起状態 ϕ_e をとれば，電子は励起状態 ϕ_e に実際に遷移したことになる．これが，光吸収が起こった，ということに対応する．励起状態に遷移した電子は，その後光を放出（発光）して基底状態にもどるのである．一方，まわりの分子との衝突が起こる前に，コヒーレントな状態から光子を放出して基底状態にもどることもできる．これが光散

乱である．言い換えると，光散乱では光子の吸収と放出がひとつながりの過程として起こるが，そこにまわりの分子などの熱浴（環境）との相互作用が加わると，吸収と発光という二つの過程に別れてしまうといえる．したがって，分子の吸収，発光，光散乱を詳しく調べると，その分子がおかれているミクロな環境やそのゆらぎに関する情報を得ることができるわけである．

5.2.2 吸収・発光スペクトルと配位座標モデル

吸収や発光スペクトルに現れるミクロなゆらぎについて見てみよう．そこには，位相緩和過程よりも遅い時間スケールで起こるエネルギーゆらぎも現れてくる．一つの例として，図5.5にエタノール中のβ-カロテンという色素分子の吸収および発光スペクトルを示した．β-カロテンは生体中にも広く存在する色素分子で，黄色からオレンジ色をしている．スペクトルの横軸は，光子1個の

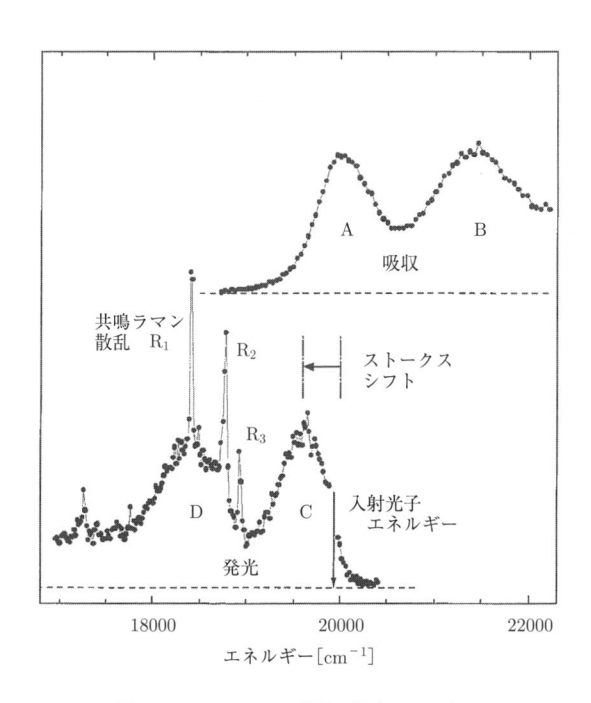

図 5.5 β-カロテンの吸収・発光スペクトル

もつエネルギー $h\nu$ であり，ここではその単位として $[\mathrm{cm}^{-1}]$（カイザーとか波数と読む）を使っている．これは分光学の分野でよく使われるエネルギーの単位で，波長 1 cm の光の光子 1 個がもつエネルギーに等しい．たとえば，波長 500 nm（青緑色）の光の光子 1 個のエネルギーは 20000 cm^{-1} にあたる．吸収スペクトルは，入射する 1 個の光子が吸収される確率に比例している．図 5.5 から，β-カロテンの吸収は約 20000 cm^{-1} 以上で起こることがわかる．β-カロテンが黄色からオレンジ色に見えるのは，緑青紫色付近の光が吸収されてしまうためである．3.3 節で議論したように，β-カロテン分子では π 電子が長い共役系の中に閉じ込められることによって，とびとびのエネルギーをもつ電子状態ができる．その電子状態の中の二つ，エネルギーのもっとも低い状態 (基底状態) からエネルギーの高い状態（励起状態）のひとつに電子が遷移することに伴って吸収が起こる．吸収スペクトルから，それらのエネルギー差 ΔE は約 20000 cm^{-1} 以上の値をもっていることがわかる．式 (3.22) でみたように，β-カロテンにおいて ΔE がこの大きさになることには，共役系の長さ L が密接に関係している．

次に，吸収スペクトルの広がりについて考えよう．もし励起状態と基底状態のエネルギー差 ΔE がある一つの値で時間的にも一定であれば，それに対応する吸収スペクトルは非常に鋭いものになるはずである．実際，そのようなスペクトルは気体中の分子などにおいて観測され，0.1 cm^{-1} 程度以下の広がりしかもたない．一方，図 5.5 の β-カロテンでは，一つのピークは 300 cm^{-1} 程度以上の広がりをもっている．この違いには，吸収に関与する電子がおかれているミクロな環境が重要な役割を果たしている．気体においては分子が希薄なため，ある分子はごくたまに他の分子と衝突するだけである．しかし，液体中にある色素分子では，そのまわりの液体分子と頻繁に衝突している．たとえば，電子が基底状態にあるときまわりの液体分子との衝突が起こると，電子の波としての振動の仕方が変動してしまう．それは電子のエネルギー E_g の変化を引き起こすことになる．ここでは，配位座標モデルとよばれるモデルにもとづいて，分子の環境がスペクトルに与える影響について解析することにしよう．

色素分子のまわりに存在する液体分子の配置を 1 次元の座標 Q で表そう．こ

5.2 電子状態のゆらぎと光学過程

れは配位座標とよばれる．電子の基底状態を考えると，そのエネルギー E_g は，図 5.6 のように，座標 Q によって変化することになる．それを Q に対する 2 次曲線で近似して

$$E_g(Q) = aQ^2 \tag{5.21}$$

と表すことにしよう．a は定数であり，もっとも $E_g(Q)$ の低くなる座標を $Q = 0$ とした．色素分子のまわりの環境は熱運動により絶えず変化するから座標 Q は時間とともに $Q = 0$ のまわりで変動し，エネルギー $E_g(Q)$ もゆらいでいる．一方，励起状態のエネルギーも座標 Q によって変化するため

$$E_e(Q) = a(Q - Q_0)^2 + E_0 \tag{5.22}$$

と表そう．なお，E_e が最小値をとる座標を $Q = Q_0$ とした．励起状態では，電子の波動関数の空間的な形が基底状態とは異なっているため，エネルギーが最小になる座標 $Q = Q_0$ は一般に $Q = 0$ とは異なる．ここで，光子の吸収はきわめて短い時間内に起きるため，その間の座標 Q の変化は無視することにすると，励起状態と基底状態とのエネルギー差 $\Delta E(Q)$ として

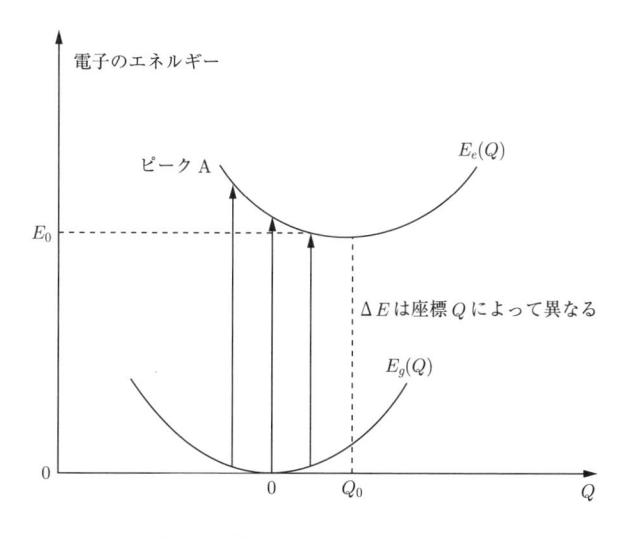

図 5.6 吸収スペクトルの広がりの原因

$$\Delta E(Q) = E_e(Q) - E_g(Q) \tag{5.23}$$
$$= (Q - Q_0)^2 + E_0 - Q^2 \tag{5.24}$$
$$= -2aQ_0Q + aQ_0{}^2 + E_0 \tag{5.25}$$

が得られる．このように，座標 Q に対してエネルギー差 $\Delta E(Q)$ が対応していることがわかる．したがって，ある色素分子においてその座標 Q が時間変化すると，$\Delta E(Q)$ も変化することになる．さらに，試料中にはたくさんの色素分子があるが，それぞれのまわりの環境つまり座標 Q は異なっているため，色素分子ごとに異なる ΔE の値をもつことになる．では，多数の色素分子は，ΔE に対してどのように分布しているだろうか．それを求めるには座標 Q の値の分布 $P(Q)$ を求めればよい．系が熱平衡状態にあるとすると，座標 Q をもつ色素分子の基底状態のエネルギーは $E_g(Q)$ であることから，$P(Q)$ はカノニカル分布（式（4.62））を用いて

$$P(Q) \propto e^{-\frac{E_g}{k_B T}} = e^{-\frac{aQ^2}{k_B T}} \tag{5.26}$$

となることが期待される．ここで，式 (5.25) より

$$Q = -\frac{\Delta E(Q) - E_0 - aQ_0^2}{2aQ_0} \tag{5.27}$$

が得られる．これを式 (5.26) に代入すると

$$P(\Delta E) \propto e^{-\frac{(\Delta E - E_0 - aQ_0^2)^2}{4aQ_0^2 k_B T}} \tag{5.28}$$

となる．エネルギー $h\nu$ をもつ1個の光子に対して吸収の起こる確率は，$h\nu = \Delta E$ を満足する分子の数に比例する．こうして，吸収スペクトル $A(h\nu)$ として

$$A(h\nu) \propto e^{-\frac{(h\nu - E_0 - aQ_0^2)^2}{4aQ_0^2 k_B T}} \tag{5.29}$$

が導かれる．スペクトル $A(h\nu)$ は，そのピークを

$$h\nu = E_0 + aQ_0^2 \equiv E_a \tag{5.30}$$

にもつガウス型の形状であることがわかる．その半値半幅 ($HWHM$) は

$$e^{-\frac{HWHM^2}{4aQ_0^2}} = \frac{1}{2} \tag{5.31}$$

より

5.2 電子状態のゆらぎと光学過程

$$HWHM = \sqrt{4(\ln 2)aQ_0^2 k_\mathrm{B}T} \propto \sqrt{T} \tag{5.32}$$

となる．このように，半値半幅 ($HWHM$) は，温度 T に対しては $\sqrt{T}$ に比例することがわかる．温度が高くなると，色素分子のまわりの分子運動が活発になり，より高いエネルギー $E_g(Q)$ をもつ座標 Q もとれるようになる．そのために Q の分布が広がり，吸収スペクトルの幅も広くなると解釈できる．また，半値半幅は $\sqrt{aQ_0^2}$ の増加とともに広がることがわかる．もし $Q_0 = 0$ であれば，スペクトルは広がりをもたない．それは，エネルギー差 $\Delta E(Q)$ が座標 Q に依存しなくなるからといえる．

図 5.5 の吸収スペクトルには A と B の二つのピークがあるが，これらは何によるものだろうか．二つのピークのエネルギーは約 1500 cm^{-1} 離れている．実はこのエネルギーは，色素分子内部の分子振動のエネルギーに相当している．色素分子を構成する炭素や水素原子は，化学結合によって互いに結ばれている．これは原子どうしが"ばね"で結ばれているようなものである．ばねが伸びたり縮んだりして振動するように，原子間の距離や結合角度も振動する．その振動数を ν とすると，振動エネルギーは $h\nu$ の間隔をもつ不連続な値のみをもつことができる．ピーク B は，光子を吸収して電子が基底状態から励起状態に上がるときに，さらに加えて分子自身の振動を引き起こしたものである．(実際には，振動数の異なる三つ振動状態が関係している．) 振動を引き起こさないピーク A と比べて，その分だけ余分のエネルギーをもつ光子を吸収するわけである．

光を吸収して励起状態に上がった分子は，いずれは光を放出して基底状態にもどることになる．図 5.7 に示すように，励起状態に上がった直後の分子は，$E_e(Q)$ の高い不安定な状態にある．そのため，座標 Q を変えながら，励起状態において $E_e(Q)$ がもっとも低くなる状態へと変化していく．このエネルギーが減少していく過程は，エネルギー緩和過程とよばれている．そして座標 $Q = Q_0$ 付近で落ち着くことになる．このとき，励起状態における座標 Q の分布 $P_e(Q)$ は，やはりカノニカル分布（式（4.62））を用いて

$$P_e(Q) \propto e^{-\frac{E_e(Q)}{k_\mathrm{B}T}} \propto e^{-\frac{a(Q-Q_0)^2}{k_\mathrm{B}T}} \tag{5.33}$$

となることが期待される．その後，分子は光子を放出して基底状態にもどるこ

156   5. ゆらぎと緩和過程

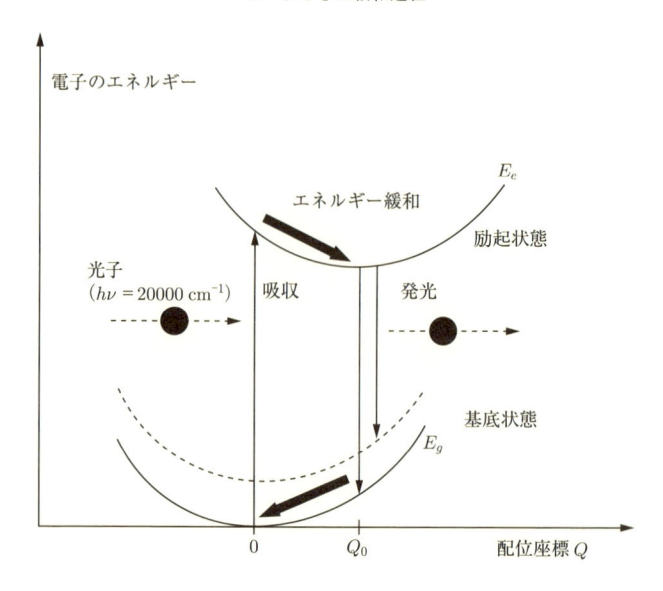

図 5.7 光吸収と発光

とになる（発光）．この発光スペクトル $F(h\nu)$ は，吸収の場合と同様に考えて

$$F(h\nu) \propto e^{-\frac{(h\nu - E_0 + aQ_0^2)^2}{4aQ_0^2 k_B T}} \qquad (5.34)$$

となることがわかる．スペクトル $F(h\nu)$ は，そのピークを

$$h\nu = E_0 - aQ_0^2 \equiv E_f \qquad (5.35)$$

にもつガウス型の形状である．図 5.7 からわかるように，座標 $Q = Q_0$ における ΔE は，座標 $Q = 0$ における ΔE よりも小さくなっているため，放出される光子のエネルギーは，はじめに吸収された光子よりも小さくなる．吸収のピークエネルギーと発光のピークエネルギーの差

$$E_a - E_f = 2aQ_0^2 \qquad (5.36)$$

はストークスシフトとよばれている．また，発光スペクトルの半値半幅 ($HWHM$) は

$$HWHM = \sqrt{4(\ln 2)aQ_0^2 k_B T} \propto \sqrt{T} \qquad (5.37)$$

となり，吸収スペクトルと同じである．吸収スペクトルのときと同じように，色

5.2 電子状態のゆらぎと光学過程

素分子ごとに座標 Q は $Q = Q_0$ を中心にしてカノニカル分布をしている．したがって，発光スペクトルにおいても幅は温度とともに広くなる．

図 5.5 の発光スペクトルには C と D の二つのピークがある．この二つのピークは，吸収スペクトルにおける A と B の二つのピーク同様に，約 1500 cm^{-1} 離れている．ピーク D は，光子を放出して電子が励起状態から基底状態にもどるときに，さらに加えて分子自身の振動を引き起こしたものである．振動を引き起こさないピーク C と比べて，その分だけエネルギーの減少した光子を放出するわけである．

ところで，発光はどの程度の時間で，またどのような時間依存性をもって起こるのだろうか．一組の電子励起状態と基底状態に対しては，1秒間に励起状態から基底状態へと遷移する確率 γ が決まる．この確率は，それぞれの状態の波動関数の形によって決まってくる．ここで，ある時刻 t において励起状態にある色素分子の数を $n(t)$ としよう．すると，1秒間に励起状態から基底状態へと遷移して光子を放出する色素分子の数は，$\gamma n(t)$ で与えられる．また，1秒あたりの $n(t)$ の変化は $\frac{dn(t)}{dt}$ であるから，

$$\frac{dn(t)}{dt} = -\gamma n(t) \tag{5.38}$$

の関係が成り立つ．この微分方程式を満たす $n(t)$ は，

$$n(t) = n_0 e^{-\gamma t} \tag{5.39}$$

であり，指数関数的に減衰する．ここで，n_0 は $t = 0$ における n である．発光により放出される光子の数（発光強度 $I_f(t)$）は，励起状態から基底状態へと遷移する色素分子の数と同じであるから，

$$I_f(t) = \gamma n(t) = I_f(0) e^{-\gamma t} \tag{5.40}$$

となり，発光強度は，時間 t とともに指数関数的に減少する（図 5.8）．発光強度が $t = 0$ の $\exp(-1) \sim 1/2.7$ になるのに要する時間，$\tau_e = 1/\gamma$，は"発光寿命"あるいは"励起状態の寿命"とよばれている．色素分子の場合，だいたいナノ秒 (10^{-9}[s]) 程度の発光寿命をもつことが知られている．β-カロテン分子の場合は特殊事情があり，励起状態から他の励起状態に移動する過程が存在するために $n(t)$ が早く減少し，発光寿命は 0.2 ピコ秒 (0.2×10^{-12}[s]) 程度と非

図 5.8 に発光強度のグラフ（$I_f(t) = e^{-\gamma t}$、$\tau_e = 1/\gamma$）

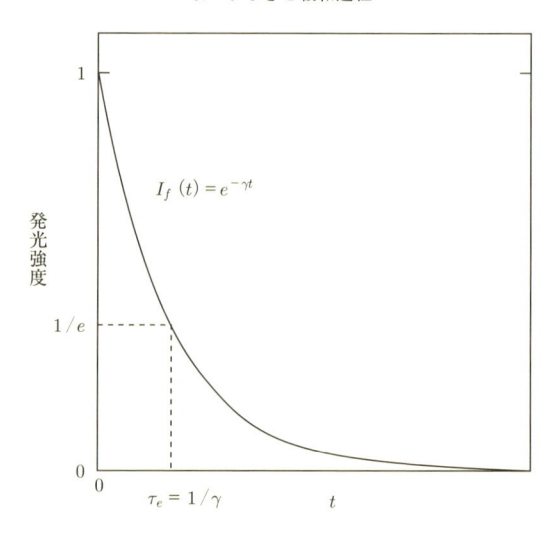

図 5.8　発光の指数関数減衰

常に短くなる．

　励起状態においてエネルギー緩和が起こり，$Q = Q_0$ のまわりのカノニカル分布ができるまでに要する時間を τ_r としよう．もし $\tau_r \ll \tau_e$ であれば，発光は励起状態における準安定状態としてのカノニカル分布にしたがう分子から起きることになる．式 (5.34) の発光スペクトルを導いたときには，この条件を仮定していた．しかし，$\tau_r \sim \tau_e$ の場合，カノニカル分布が形成される前に，エネルギー緩和の途中で発光が起こることになる．(β-カロテンの発光（図 5.5）は，この場合に対応する．）その様子は，実際に時間分解発光スペクトルの測定により観測することができる．このとき，発光スペクトルは時間とともに低エネルギー側へとシフトする様子がみられる．この現象は，ダイナミックストークスシフトとよばれている．

　さて，このようにして発光が起こると分子は基底状態にもどってくる．その直後は，分子のまわりの座標 Q が $Q = Q_0$ 付近にあり，エネルギー $E_g(Q)$ は $E_g(0)$ よりも高いところにある．そのため，吸収により励起状態に上がった直後と同様にエネルギー緩和が起こり，座標は $Q = 0$ へともどっていく．そして，Q は熱平衡状態におけるカノニカル分布 $P(Q)$ にしたがって分布することにな

る．このようにして，分子は光が入射する前の状態にもどる．励起状態や基底状態におけるエネルギー緩和によって減少したエネルギーはどこへ行ったのだろうか．これは，電子とまわりの環境との相互作用を通してまわりの分子運動に与えられ，最終的には系全体に熱エネルギーとして分布する．すなわち，系全体の温度が上昇することになる．

5.2.3 共鳴ラマン散乱

ここで，β-カロテンを例にして光散乱についてもふれておこう．吸収スペクトルのピーク A のエネルギー $h\nu$ をもった光子が入射したとする．すると，電子と光子との相互作用によって，電子の基底状態と励起状態との重ね合わせの状態ができる．そして，ほとんどすぐに基底状態にもどり光子が放出される．もどってきた状態とはじめの状態が同じであれば，放出される光子のエネルギーは入射した光子と同じ $h\nu$ である．これは共鳴レーリー散乱とよばれている．ただし，この成分は励起するレーザー光と同じ振動数をもつため，スペクトルを測定するには困難が伴う．一方，基底状態にもどるときに，分子振動を引き起こしながら，光子を放出する共鳴光散乱もある．これは共鳴ラマン散乱とよばれている (図 5.9)．この場合は，分子の振動エネルギー E の分だけ，放出される光子のエネルギーは小さくなる．図 5.5 にみられる三つの鋭いピーク $R_1 \sim$

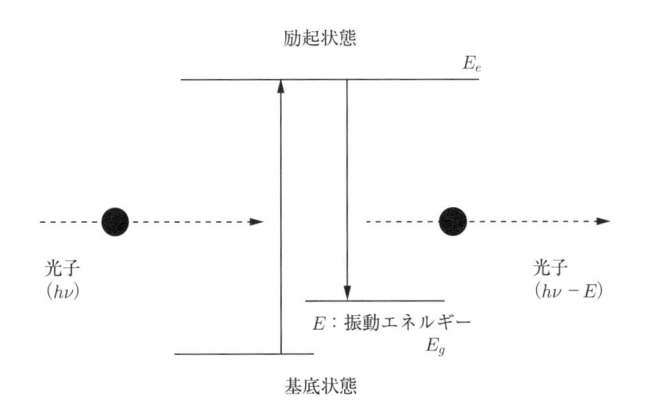

図 5.9 共鳴ラマン散乱

R_3 が共鳴ラマン散乱である．それぞれは，振動数の異なる分子振動に対応している．このように，共鳴ラマン散乱はまわりの影響を受けていないために，非常に鋭いスペクトルをもっている．さて，光散乱としての一連の流れがまわりの液体分子との衝突などの影響で乱されて位相緩和が起こると，それは光の吸収と発光とに分かれてしまう．この位相緩和に要する時間（位相緩和時間）は，液体中の色素分子の場合には，数十フェムト秒のオーダーであることがスペクトルの解析などから知られている（1 フェムト秒は $1[\text{fs}] = 1 \times 10^{-15}[\text{s}]$）．したがって，光の吸収という過程は，その程度の時間内に $\Delta E = h\nu$ を満たす座標 Q で起こると考えることができる．

光が分子に入射してから起こることを，入射する光子のエネルギーと関連づけて，簡単にまとめてみよう（図 5.10，図 5.11）．共鳴励起（$\Delta E \sim h\nu$）の場合は，光子が入射して，電子励起状態と基底状態との重ね合わせの状態ができると，位相緩和が起こるまでの間に共鳴ラマン散乱が起こる．その間はまわりの分子運動など影響を受けていないので，そのスペクトルは非常に鋭いものとなる．一方，位相緩和が起こると重ね合わせの状態は乱され，電子は励起状態あ

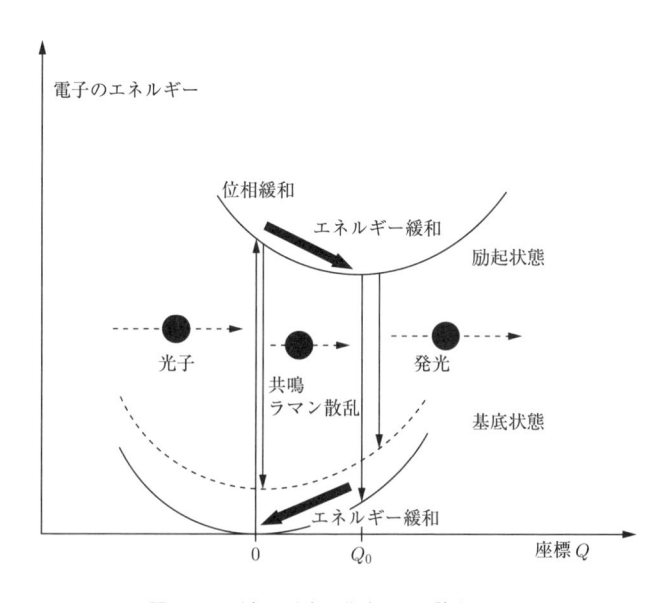

図 5.10 吸収・発光，共鳴ラマン散乱の関係

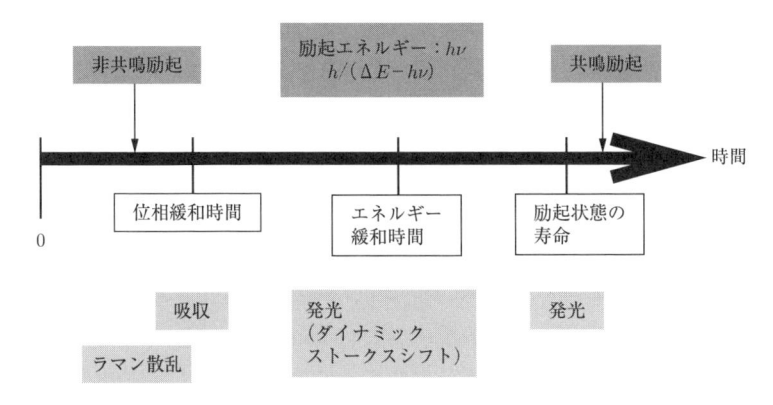

5.2 電子状態のゆらぎと光学過程

図 5.11 光学過程と励起光エネルギー

るいは基底状態のうち，どちらかの状態をとる．励起状態をとった場合は，光吸収が起こったことになる．その直後は，$E_e(Q)$ が高い値をもっているためエネルギー緩和が始まる．その後，励起状態にいる電子は，光子を放出して基底状態にもどっていく．これにともなう発光スペクトルは，まわりの分子の影響を受けてエネルギーが広がっている．ただし，物質によっては，発光せずに励起状態から他の状態に遷移してしまう過程をもつ場合もある．発光が起こると，その直後には $E_g(Q)$ が高い値をもっているため，基底状態の中で再びエネルギー緩和しながら最初の状態すなわち $Q=0$ へともどっていく．この過程を配位座標モデルの中にまとめると，図 5.10 のようになる．そして，ラマン散乱と発光の強度比は，大体，位相緩和時間と励起状態寿命の比に等しい．一方，非共鳴励起 ($\Delta E \gg h\nu$) の場合，時間とエネルギーの不確定性関係にもとづく時間 $\delta t = h/(\Delta E - h\nu)$ が位相緩和時間よりも短ければ，δt の間だけラマン散乱が起こる (図 5.11)．しかし，励起状態においてはエネルギー保存則を満足できないため，吸収が起こらず，したがって発光も起こらない．

5.3 ゆらぎの量子性

物質中のゆらぎは，ミクロな熱運動を反映している．そのため，どのようなゆらぎであってもそのエネルギーの値は量子化され，離散的な値のみをもつことができる．前節で述べたラマン散乱は，ゆらぎのもつエネルギーを調べる有力な実験方法の一つといえる．ラマン散乱においては，図 5.12 に示すように，入射する光子の振動数 ω_1 と散乱された光子の振動数 ω_2 を比較すると，ω だけ振動数が減少する散乱光と増加する散乱光の二つがある．（ここでは非共鳴励起の光散乱を考え，図の中で電子励起状態は省略している．）振動数 $\omega_1 - \omega$ の光子が出てくる散乱はストークス散乱，$\omega_1 + \omega$ の光子が出てくる散乱は反ストークス散乱とよばれる．これらは，それぞれ以下の過程に対応している．離散的なエネルギー値をもつゆらぎに関して，エネルギー値の異なる二つの状態を考えよう．ストークス散乱は，エネルギーの低い状態から始まり，エネルギーの高い状態で終わる．反ストークス散乱はその逆の過程に対応する．図 5.13 に，四塩化炭素の分子振動によるラマン散乱スペクトルを示す．原点を中心にストークス散乱と反ストークス散乱が対称的に現れており，原点からのエネルギーシ

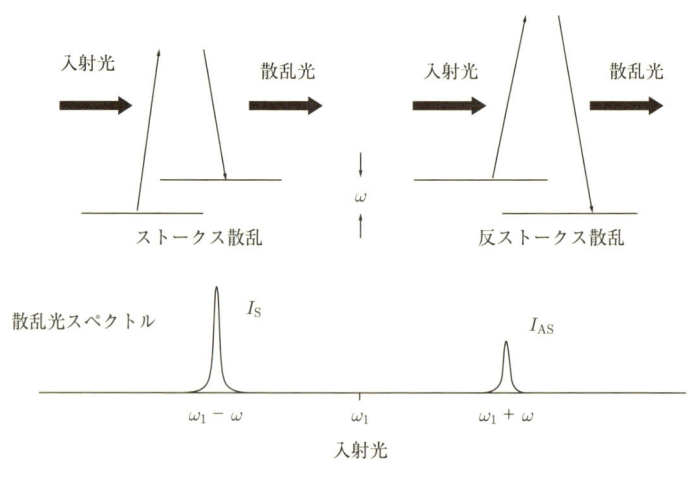

図 5.12 ラマン散乱

5.3 ゆらぎの量子性

CCl₄の分子内振動モードの光散乱スペクトル

ストークス散乱 I_S

反ストークス散乱 I_{AS}

$\hbar(\omega_2 - \omega_1)$ [cm^{-1}]

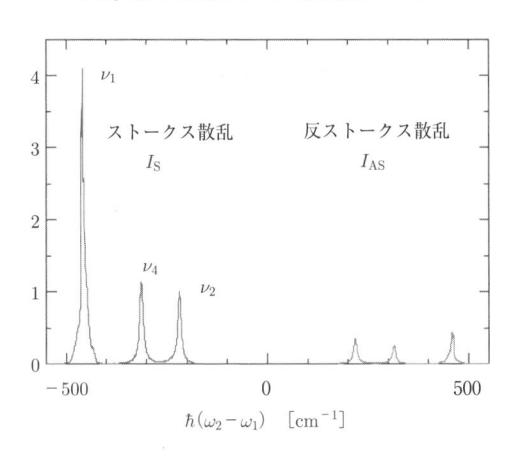

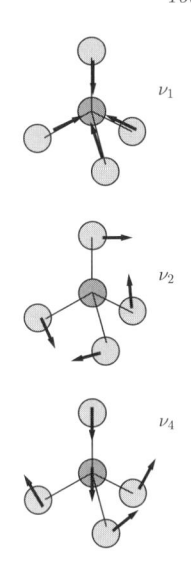

図 **5.13** 四塩化炭素のラマン散乱スペクトル

フト $\hbar\omega$ がゆらぎのエネルギーに対応する．エネルギーの異なる三つのピークがあるが，これらは異なる振動状態（基準振動という）に対応している．

ゆらぎのスペクトルにおいて，ストークス散乱の強度 $I_S(\omega)$ と反ストークス散乱の強度 $I_{AS}(\omega)$ の比 $I_S(\omega)/I_{AS}(\omega)$ に注目しよう．この比は 1 より大きく，ボルツマン因子によって与えられる．すなわち

$$\frac{I_S(\omega)}{I_{AS}(\omega)} = e^{\frac{\hbar\omega}{k_B T}} \tag{5.41}$$

の関係が成り立つ．その理由は，次のように考えることができる．まず，非共鳴励起の場合，基底状態から出発するストークス散乱と，励起状態から出発する反ストークス散乱の起こる確率は事実上同じと考えてよい．この二つの散乱過程は，それぞれの過程で起こる時間的順序を反転した過程にほぼ対応しているため，時間反転対称性という基本原理から，二つの確率は事実上等しくなる．そのため，比 $I_S(\omega)/I_{AS}(\omega)$ は，出発する状態にいる分子数の比率，すなわち基底状態と励起状態の分布数の比（式 (4.62) 参照）により決定される．したがって，温度 T の平衡状態においてはボルツマン因子となることが期待される．実

際，図 5.13 から比 $I_\mathrm{S}(\omega)/I_\mathrm{AS}(\omega)$（温度 $T = 300$ K）を計算すると，三つの基準振動についてボルツマン因子と一致していることがわかる．

さらに，連続的なエネルギー分布をもつように見えるゆらぎの例として，液体窒素 (77.3 K) のラマン散乱スペクトルを見てみよう（図 5.14）．約 $100[\mathrm{cm}^{-1}]$ 以下の振動数領域で，構造のないスペクトルが広がっている．この領域には，分子間の振動や回転運動などによるゆらぎが現れている．このスペクトルからストークス散乱と反ストークス散乱の強度比 $I_\mathrm{S}(\omega)/I_\mathrm{AS}(\omega)$ をそれぞれのエネルギーシフト $\hbar\omega$ において計算する．その結果は，図 5.15 に示すように，ボルツマン因子にしたがうことを示している．このように，一見するとスペクトルが連続的に見えるゆらぎにおいても，そのエネルギーは量子化されていて，離散的な値の集まりとして理解される．ゆらぎの起源がミクロな量子力学的運動にあるために，式 (5.41) はきわめて一般的に成り立っている．

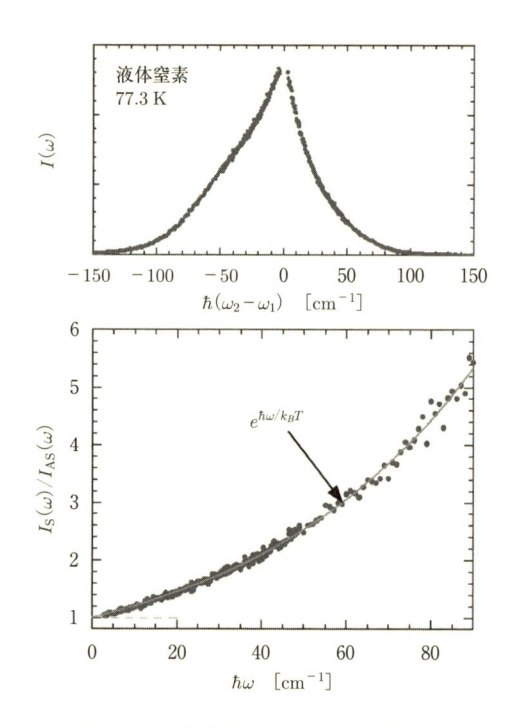

図 5.14　液体窒素のラマン散乱スペクトル

重ね合わせと緩和現象

　ミクロな世界の法則である量子力学を特徴づけるものは何か．もし一つだけあげるとするとそれは「重ね合わせの原理」であろう．3.2 節で述べた光子の例のように，ある系のとりうる状態として二つの異なる状態があるとき，それらを「重ね合わせ」た状態もその系にとってとりうる状態である．このような重ね合わせの状態は古典力学には対応するものがなく，量子力学に特有の状態といえる．

　生命現象においても，ミクロなレベルでは「重ね合わせの原理」は重要である．たとえば，目で光を検出する過程においても，その最初の段階に電子状態の「重ね合わせ」が登場する．5.2 節の場合のように，光子が目に入ると，視細胞中にあるロドプシンのレチナール分子の電子状態は，式 (5.20) で表されるような基底状態と励起状態との重ね合わせになる．そして位相緩和が起こるまでは，目が光子を吸収していない状態と吸収した状態との重ね合わせの状態になっているといえる．位相緩和が起こると電子は実際に励起状態に遷移し，光子は実際に目に吸収されたことになる．また，生命を構成する基本要素である DNA やたんぱく質などの分子構造をつくる化学結合においても，電子の波動関数の「重ね合わせ」が重要な役割を果たしている．

　重ね合わせの状態は，マクロなスケールの現象にも重要な役割を果たしているのだろうか？　マクロな物体もミクロな粒子の集まりであるから，基本的には量子力学にしたがうはずである．したがって重ね合わせの原理は成立すると期待される．実際にマクロな重ね合わせの状態が観測されるためには，波動関数がマクロな大きさできれいに振動していることが条件になる．このような状態の一つは，超伝導状態にある電子である．低温下で電気抵抗がゼロになったとき，超伝導体中の電子の波動関数はマクロなスケールできれいに振動している．そのため，電子の波動関数の重ね合わせによるマクロな干渉効果を観測することができる．また，液体ヘリウム

が極低温（絶対温度約 2 K 以下）で摩擦抵抗がゼロになってしまう超流動という現象においても，ヘリウム原子の波動関数はマクロなスケールできれいに振動する．これらの現象においては，超伝導では電子のペアーが，超流動ではヘリウム原子が，その最低エネルギー状態に集まる「ボーズ凝縮」とよばれる現象を起こしている．しかし，波動関数の重ね合わせの効果がマクロなスケールで実現するとなると，大変奇妙なことも起こることになる．よく知られている「シュレーディンガーの猫」は，ミクロな原子の重ね合わせの状態をもとにして，生きた状態と死んだ状態との重ね合わせ状態にある猫を作りだしたものである．それが実現することは考えにくいが，量子力学をそのまま適用すると避けられない結論である．

　この問題はどのように考えればよいのだろうか．一つの考え方は，多数の自由度をもつ環境との相互作用によって，マクロなスケールの重ね合わせは容易に壊されてしまう，というものである．マクロなスケールで波動関数の重ね合わせの効果が起こるためには，多数の原子の波動関数が，マクロな領域にわたって互いにきれいに振動することができる状況においてである．ところが実際には，完全に孤立してまわりの環境との相互作用がゼロである系は存在しない．まわりの環境の影響を受けてその波動関数が乱されてしまい，重ね合わせによる効果は消えてしまう．環境との相互作用はどんなに小さくても，非常に多くの原子に対する波動関数の位相関係を乱してしまうには十分な大きさになっている．そのために，観測者が観測を行う前に，系のマクロな状態は一つに決定している，という考えである．環境との相互作用による緩和現象は，着目するマクロな系のコヒーレンスを乱すものであるが，同時に，系が重ね合わせ状態から抜け出し，一つの実体を生み出す重要な過程でもあると考えられる．もっともらしい考えにも思えるが，しかし，この考え方にも困難はある．なぜかというと，環境もすべて含めた系の状態を考えれば，やはり重ね合わせの状態から抜け出すことはできないのである．それでは，ミクロな量子力学的運動の集合から，少数の自由度で記述されるマクロな古典力学的運動はどのようにしてできてくるのだろうか．この問題には，ミクロとマクロ，

量子力学と古典力学，可逆性と不可逆性の関係など，物理学における根本的な問題が絡んでおり，現在でも未解決の課題である．

　さて生体においては，1個の細胞にも非常に多数の原子が含まれ，熱運動をしている．また，生体は環境の中で非平衡状態にあって，物質や自由エネルギーの流れを利用しながらその機能を発揮している．そのため，マクロな状態の「重ね合わせ」状態を起こさず，むしろ量子力学的な階層から離れ，古典力学的・非可逆的にふるまうこと自体が生命現象にとっては本質的に重要であるようにみえる．そのような，量子力学にしたがう階層と古典力学にしたがう階層との境界はあるのだろうか．生命現象の中では，量子力学的な重ね合わせの効果はどれくらいの時間的・空間的スケールのダイナミクスまで支配しているのだろうか．原子や電子の個々の量子力学的運動の集まりから，生命としての機能をつなぐ階層はどのようにできているのだろうか．これらは物理学の基本的問題と密接に関係するこれからの研究テーマであると考えている．

参 考 図 書

　数学的な道具立てについて，特に微分，積分，ベクトルの演算，ベクトル場に関するガウスの定理・ストークスの定理，複素数などについての基本的知識を整理したい人には，
　1) 矢野健太郎, 石原繁：科学技術者のための基礎数学 (新版)，裳華房 (1982 年)
をすすめたい．

　本書をきっかけに物理学をもっと知りたくなった人に，いくつかの参考図書をあげておきたい．なお，本書の記述においても参考にしていることをお断りしておく．

　物理学の基礎から結構難しい内容まで広い分野をカバーし，長く人気を保つテキストは，
　2) ファインマン, レイトン, サンズ：ファインマン物理学 I～V, 岩波書店 (1986 年)

　物理学の基礎について，その考え方を理解したい人は，
　3) 砂川重信：物理の考え方 1～5, 岩波書店 (1993 年)

　各分野に関してもう少し詳しく知りたい人には，
　4) 大林康二：電磁気学，共立出版 (1993 年)
　5) 木下修一：生物ナノフォトニクス――構造色入門――（シリーズ〈生命機能〉1），朝倉書店 (2010 年)
　6) 上田正仁：現代量子物理学――基礎と応用――, 培風館 (2004 年)
　7) ライフ：統計物理 上・下（バークレー物理学コース 5），丸善 (1970 年)
　8) ランダウ, リフシッツ：統計物理学 第 3 版 上・下，岩波書店 (1980 年)
　9) 櫛田孝司：光物理学，共立出版 (1983 年)
　10) 櫛田孝司：光物性物理学，朝倉書店 (1991 年)

11) アトキンス：生命科学のための物理化学，東京化学同人 (2008 年)

生物物理学に関する多くの具体例が紹介されている本として，
12) 大木和夫，宮田英威：生物物理学（現代物理学 [展開シリーズ] 8），朝倉書店 (2010 年)

物理学の歴史に登場する人物やエピソードに興味がある人には，
13) セグレ：古典物理学を創った人々―ガリレオからマクスウェルまで―，みすず書房 (1992 年)
14) セグレ：X 線からクオークまで―20 世紀の物理学者たち―，みすず書房 (1983 年)

【カラー口絵の出典】

[1] 酒井裕司氏（大阪大学大学院生命機能研究科博士課程）提供
[2] 豊田岐聡博士（大阪大学大学院理学研究科物理学専攻）提供 (http://mass.phys.sci.osaka-u.ac.jp/jp/instruments.html より転載)
[3] 田尻道子氏（大阪大学大学院生命機能研究科博士課程）提供
[4] PET 検査 Q & A（日本核医学会・日本アイソトープ協会発行，2007 年）より転載
[5] Carl D. Anderson, *Phys. Rev.*, **43**, 491 (1933). "Copyright (1933) by the American Physical Society."
[6] Jean Perrin 著, ATOMS, CONSTABLE & COMPANY LTD, 1923 年, 115 頁, Fig.8 より転載
[7] 大阪大学大学院生命機能研究科 柳田敏雄研究室提供 (http://www.fbs.osaka-u.ac.jp/pr/jp/saikin/yanagida1.html より転載)
[8] 宮崎淳博士（大阪大学大学院生命機能研究科特任研究員，現在電気通信大学所属）提供
[9] 植木秀二氏，大阪大学大学院理学研究科物理学専攻修士論文 (2002 年度) より転載

索引

欧文

A 68
Anderson, C.D. 108
Belousov-Zhabotinsky 反応 140
C 68
cm^{-1} 152
Dirac, P.A.M. 108
divergence 49
Einstein, A. 146
eV 109
F 65
Gauss 42
grad 24
$\hbar$ 97
K 120
MKSA 単位系 68
MRI 70
Perrin, A. 146
PET 84, 108
Planck, M. 130
positron 108
rotation 49
T 42
V 58
X 線 86
β-カロテン 93
γ 線 84
∇ 23
π 電子 93

あ 行

アインシュタイン 85, 146
アインシュタイン-ド・ブロイ の関係式 97
アヴォガドロ数 113, 146
アルゴン 92
アンペア 68
アンペールの法則 66

イカロス 87
位相 9, 82
位相緩和 160
位相緩和過程 150
位相緩和時間 160
1次光学過程 147
位置と運動量に関するハイゼンベルクの不確定性 105
位置と運動量に関する不確定性 107, 132
位置ベクトル 2
一般解 8

運動エネルギー 14, 131
運動量 10
運動量ベクトル 13
運動量保存則 12, 38, 86, 109

エイチバー 97
液体窒素 164
エネルギー 10
——と時間に関する不確定性関係 107, 117
エネルギー緩和過程 155
エネルギー保存則 109, 148
エネルギーゆらぎ 117, 151
エレクトロンボルト 109
遠隔作用 41
演算子 23, 99
エンジンの効率 124
エントロピー 120
エントロピー増大則 113, 124

か 行

外積 25
回転 48, 49
ガウス 42
——の定理 49, 52
——の法則 52
可逆性 167
角運動量 10, 25, 27, 95
角振動数 9, 75, 82
確率 91
確率振幅 89, 103
重ね合わせの原理 42, 84, 88, 90, 165
加速度ベクトル 3
カノニカル分布 127, 132
カルノー 126
慣性の法則 2
ガンマ線 108
緩和現象 150

規格化条件 104, 127
基準振動 163
基底状態 141, 148
起電力 71
ギブスの自由エネルギー 136
吸収 92, 147
境界条件 101
共鳴光散乱 149
共鳴ラマン散乱 159
共鳴レーリー散乱 159
近接作用 42

索　引

グラディエント　24
クーロン　68
　──の法則　40
クーロン力　40

ケルヴィン　120
弦の振動　94

光学過程　147
光学顕微鏡の空間分解能　106
光吸収　150
光散乱　148, 151
光子　37, 85
　──の運動量　87
光子計数法　86
光速　51
光電効果　84, 85
光電子増倍管　86
こまの歳差運動　32
固有関数　103
固有値　103
コンデンサー　64
　──の容量　65
コンプトン　86
コンプトン効果　84, 86

さ　行

サイクル平均強度　79
作用・反作用の法則　2, 12, 29

磁荷　43, 56
時間とエネルギーの不確定性関係　149
時間反転　113
時間反転対称性　163
時間を含まないシュレーディンガー方程式　101
磁気双極子モーメント　70
色素分子　93
仕事　14
自然放出　82, 141
磁束　71
質量中心　29
質量分析法　80
磁場　42
周期　9
重心　29

自由度　116
重力　39
ジュール　112
シュレーディンガー　100
　──の猫　166
シュレーディンガー方程式　100
初期条件　5, 8
真空の誘電率　40, 51
振動の振幅　9

ストークス散乱　162
ストークスシフト　156
ストークスの定理　50, 56, 66
ストークスの法則　146
スピン　95

正準分布　127
静電エネルギー　63
静電気力　21, 40
静電ポテンシャル　58
積分形　56
積分定数　5
絶対温度　120
絶対0度　126
先験的等重率の仮定　118
線積分　17, 46

速度ベクトル　3

た　行

体積積分　49
ダイナミックストークスシフト　158
縦モード　142
単位ベクトル　21

力のモーメント　27
超伝導状態　165
超流動　166
調和振動子　6

対消滅　108
強い相互作用　39

定常状態　103
テスラ　42
テーラー展開　60, 61

電位　58
電位差　58
電荷数　81
電荷の保存則　73, 109
電荷密度　51
電気双極子　59
電気双極子モーメント　60, 62
電気素量　81
電磁気力　39
電子の波動性　93
電磁波　75
電磁波のエネルギー　78
電子ボルト　109
電流密度　51, 66

等分配則　134
ド・ブロイ　93
ド・ブロイ波長　97
トルク　27

な　行

内積　15
ナブラ　23
波の位相　75

ニュートンの運動法則　1
ニュートンの運動方程式　2

熱エネルギー　112
熱機関　124
熱平衡状態　118
熱浴　125
熱力学の第1法則　126, 136
熱力学の第2法則　124, 126

は　行

場　41
配位座標　153
配位座標モデル　152
パウリの排他原理　95
波数　75
波数ベクトル　76, 82, 97
発光　148
発光寿命　157
発光スペクトル　92
発散　48, 49

索　引

波動関数　98, 103
波動方程式　75
ばね定数　7, 9
ハミルトニアン　99
反射率　89
反ストークス散乱　162
反転分布　141
万有引力定数　20
万有引力の法則　20
反粒子　108

光の干渉実験　87
光の吸収　96
光の増幅　141
光のモード　129
光ピンセット　37, 87
非平衡状態　140
日焼け　86
ポンピング　141

ファラッド　65
ファラデー　43
　──の電磁誘導の法則　71
フェルミ粒子　95
不可逆過程　112
不可逆性　111, 167
ブラウン運動　143
プランク定数　37, 85, 97, 132
プランク分布　130
分配関数　129, 130

平面波　76
ベクトル積　25
ベクトル場　44
ベラン　146
ヘルツ　78
ヘルムホルツの自由エネルギー　137
偏光　77, 82
偏光方向　77
偏微分　23

放出　92, 147
ボーズ凝縮　166
ボーズ粒子　95
保存量　9
保存力　18, 57
ポテンシャルエネルギー　18, 20, 132
ボルツマン因子　127, 163
ボルツマン定数　120, 146
ボルト　58

ま　行

マクロ　166
マックスウェル　43, 77
マックスウェル方程式　43, 51
右ねじ　26, 50
ミクロ　166

面積分　45

モード同期レーザー　142

や　行

誘導放出　82, 141
ゆらぎ　143

陽電子　108
陽電子断層撮影法　84, 108
横波　77
弱い相互作用　39

ら　行

ラマン散乱　162
ランジュバン方程式　144

力学的エネルギー　112
　──の保存則　18, 20
力積　10
理想気体　114
量子数　114

励起状態　141, 148
　──の寿命　157
零点振動　129
レーザー光　141

ローレンツ力　43, 80

著者略歴

渡辺　純二
（わた　なべ　じゅん　じ）

1958 年　高知県に生まれる
1986 年　大阪大学大学院理学研究科博士課程修了
現　在　大阪大学大学院生命機能研究科准教授
　　　　理学博士

シリーズ〈生命機能〉4
物理学入門―自然・生命現象の基本法則―　定価はカバーに表示

2011 年 7 月 30 日　初版第 1 刷

著　者　渡　辺　純　二
発行者　朝　倉　邦　造
発行所　株式会社　朝　倉　書　店

東京都新宿区新小川町6-29
郵便番号　162-8707
電　話　03(3260)0141
FAX　03(3260)0180
http://www.asakura.co.jp

〈検印省略〉

© 2011 〈無断複写・転載を禁ず〉

中央印刷・渡辺製本

ISBN 978-4-254-17744-2　C 3345　Printed in Japan

阪大 木下修一著 シリーズ〈生命機能〉1 **生物ナノフォトニクス** —構造色入門— 17741-1 C3345　A5判 288頁 本体3800円	ナノ構造と光の相互作用である"構造色"(発色現象)を中心に,その基礎となる光学現象について詳述。〔内容〕構造色とは／光と色／薄膜干渉と多層膜干渉／回折と回折格子／フォトニック結晶／光散乱／構造色研究の現状と応用／他
阪大 河村 悟著 シリーズ〈生命機能〉2 **視覚の光生物学** 17742-8 C3345　A5判 212頁 本体3000円	光を検出する視細胞に焦点をあて,物の見える仕組みを解説。〔内容〕網膜／視細胞の光応答発生メカニズム／視細胞の順応メカニズム／桿体と錐体／桿体と錐体の光応答の性質の違いを生みだす分子基盤／網膜内および視覚中枢での視覚情報処理
阪大 小倉明彦・阪大 冨永恵子著 シリーズ〈生命機能〉3 **記憶の細胞生物学** 17743-5 C3345　A5判 212頁 本体3200円	記憶の仕組みに関わる神経現象を刺激的な文章で解説。〔内容〕記憶とは何か／ニューロン生物学概説／記憶の生物学的研究小史／ヘッブの仮説／無脊椎動物・哺乳類での可塑性研究のパラダイム転換をめざして／記憶の障害
東大 吉岡大二郎著 朝倉物理学選書1 **力学** 13756-9 C3342　A5判 180頁 本体2300円	物体間にはたらく力とそれによる運動との関係を数学をきちんと使いコンパクトに解説。初学者向け演習問題あり。〔内容〕歴史と意義／運動の記述／運動法則／エネルギー／いろいろな運動／運動座標系／質点系／剛体／解析力学／ポアソン括弧
前電通大 伊東敏雄著 朝倉物理学選書2 **電磁気学** 13757-6 C3342　A5判 248頁 本体2800円	基本法則からわかりにくい単位系,さまざまな電磁気現象までを平易に解説。初学者向け演習問題あり。〔内容〕歴史と意義／電荷と電場／導体／定常電流／オームの法則／静磁場／ローレンツ力／誘電体／磁性体／電磁誘導／電磁波／単位系／他
東北大 日笠健一著 朝倉物理学選書3 **量子力学** 13758-3 C3342　A5判 176頁 本体2500円	古典力学との対応から相対論的拡張まで平易に解説。対象は理工系学部生以上。〔内容〕歴史と意義／量子力学の理論構造／1次元固有値問題／角運動量／3次元固有値問題／対称性と保存則／摂動論／トンネル効果／散乱／経路積分／他
首都大 岡部 豊著 朝倉物理学選書4 **熱・統計力学** 13759-0 C3342　A5判 152頁 本体2400円	広範な熱力学・統計力学をコンパクトに解説。対象は理工系学部生以上。〔内容〕歴史と意義／熱力学第1法則／熱力学第2法則／ボルツマンの原理／量子統計／フェルミ統計／ボース統計／ブラウン運動／線形応答／雑音／ボルツマン方程式／他
前学習院大 江沢 洋著 **現代物理学** 13068-3 C3042　A5判 584頁 本体7000円	理論物理学界の第一人者が,現代物理学形成の経緯を歴史的な実験装置や数値も出しながら具象的に描き出すテキスト。数式も出てくるが,その場所で丁寧に説明しているので,予備知識は不要。この一冊で力学から統一理論にまで辿りつける!
東北大 大木和夫・東北大 宮田英威著 現代物理学[展開シリーズ]8 **生物物理学** 13788-0 C3342　A5判 256頁 本体3900円	広範囲の分野にわたる生物物理学の生体膜と生物の力学的な機能を中心に解説。〔内容〕生命の誕生と進化の物理学／細胞と生体膜／研究方法／生体膜の物性と細胞の機能／生体分子間の相互作用／仕事をする酵素／細胞骨格／細胞運動の物理機構
前大阪大 櫛田孝司著 **光物性物理学**(新装版) 13101-7 C3042　A5判 224頁 本体3400円	光を利用した様々な技術の進歩の中でその基礎的分野を簡明に解説。〔内容〕光の古典論と量子論／光と物質との相互作用の古典論／光と物質との相互作用の量子論／核の運動と電子との相互作用／各種物質と光スペクトル／興味ある幾つかの現象

上記価格(税別)は2011年6月現在